JN193995

地域と企業の未来を紡ぐ

ルーツ・
ブランディング

株式会社 第一紙行
ブランディング事業部

幻冬舎 MC

地域と企業の未来を紡ぐ
ルーツ・ブランディング

事例１　―P.48

後継者も知らなかった先代の記憶を紐解き
長い歴史をもつ菓子の価値を再構築した
伊勢の名物餅屋

◆有限会社　二軒茶屋餅角屋本店　　三重県 伊勢市

Photo: Atsushi Suzuki

事例 6　—P.143

ルーツ・ブランディングで幼い頃から見てきた原風景の海を表現する
新しい酒づくりに挑む

◆ 福田酒造　株式会社　　長崎県 平戸市

福海

FUKU UMI

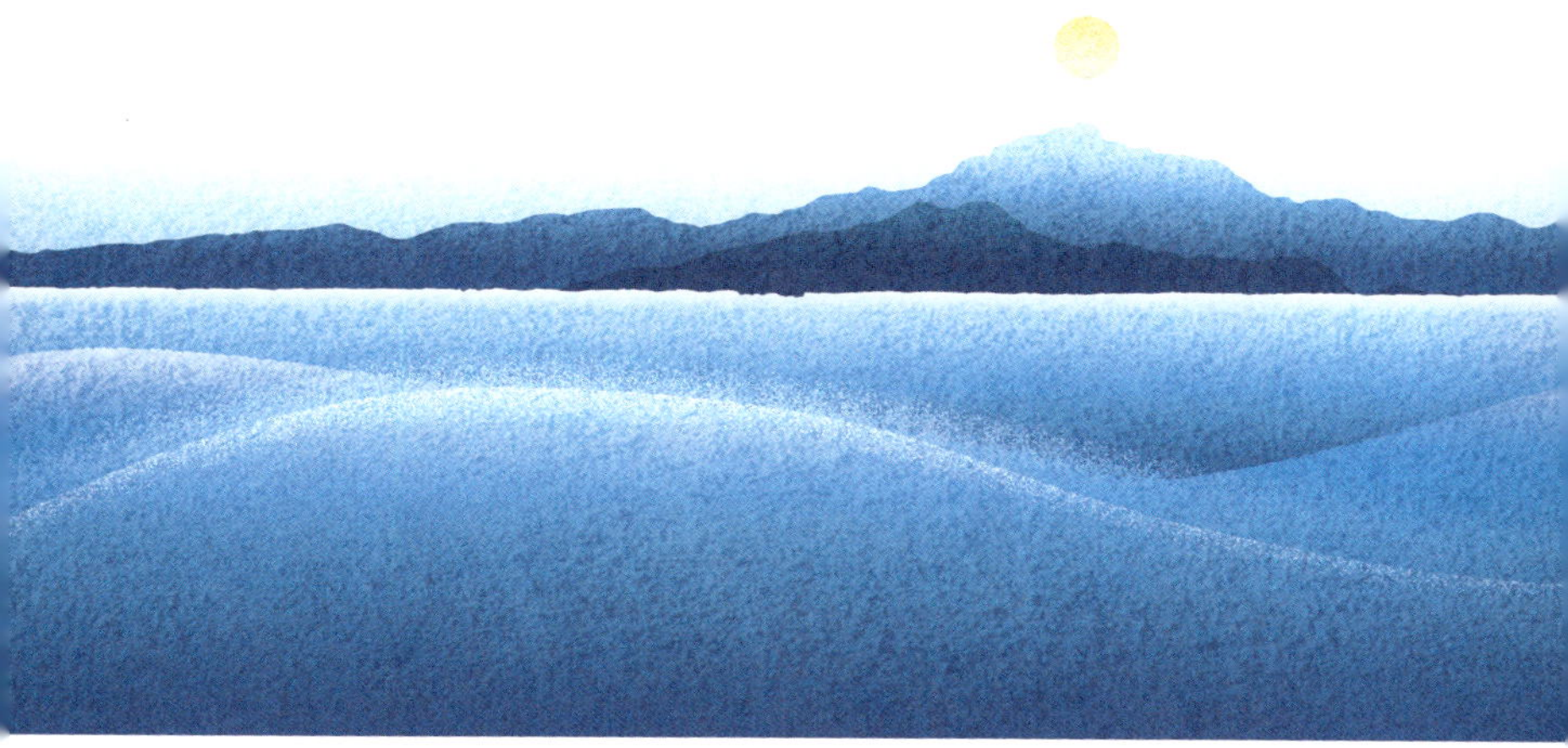

Photo: Jumpei Kawasaki

福海 山田錦
福海 山田錦
福海 雄町
福海 山田錦
福海
福海
福海
FUKU UMI
福海

創業元禄元年
福田酒造
Fukuda Brewery
Our Story

事例 3 — P.89

原点回帰で見いだした強みを新ブランドの軸にし、
企業の DNA を未来につなげる

◆ 株式会社 如水庵　福岡県 福岡市

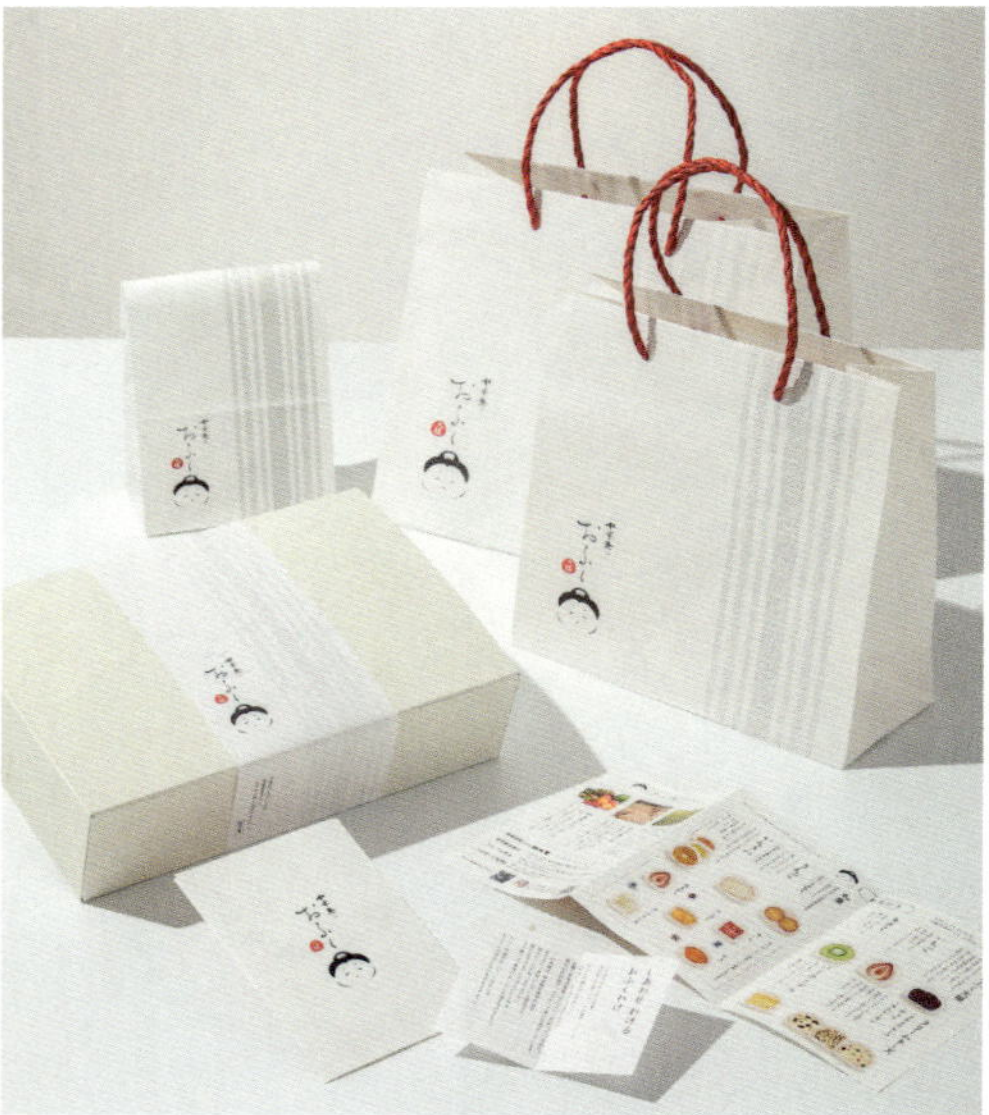

しあわせ わける おふくわけ

昔より博多の商家の店先で
にこっとほほ笑む博多人形「お福さん」。
お福さんのようにすべてをふんわり
包み込む大福をつくりました。

白くてやわらかなお餅、
中は甘くて旨みたっぷりの餡やフルーツ。

おふく大福をひと口食べると、
心がほわっとしあわせで満ちるのは、
お餅と中身の黄金バランスにこだわっているから。
職人が匠の技で一つひとつ丁寧にお包みしています。

この大福は、如水庵が博多の地で
皆さまにご愛顧いただいた賜物です。
様々なことが起こる日々の中に、
陽だまりのようなやさしいひと時を…。

おふく大福のおいしいしあわせを
たくさんの方々と分かち合えますように。

Photo: Atsushi Suzuki

事例２　―P.70

風土×アートの洗練されたデザインで、
高級日本酒をニューヨークに売り込む

◆菊の里酒造 株式会社　栃木県 大田原市

Photo: Atsushi Suzuki

事例7 —P.158

明確なビジョンを持つ企業×「魅せる」のプロ
これもルーツ・ブランディングの成功の形

◆株式会社 菓匠庵白穂　大阪府 東大阪市

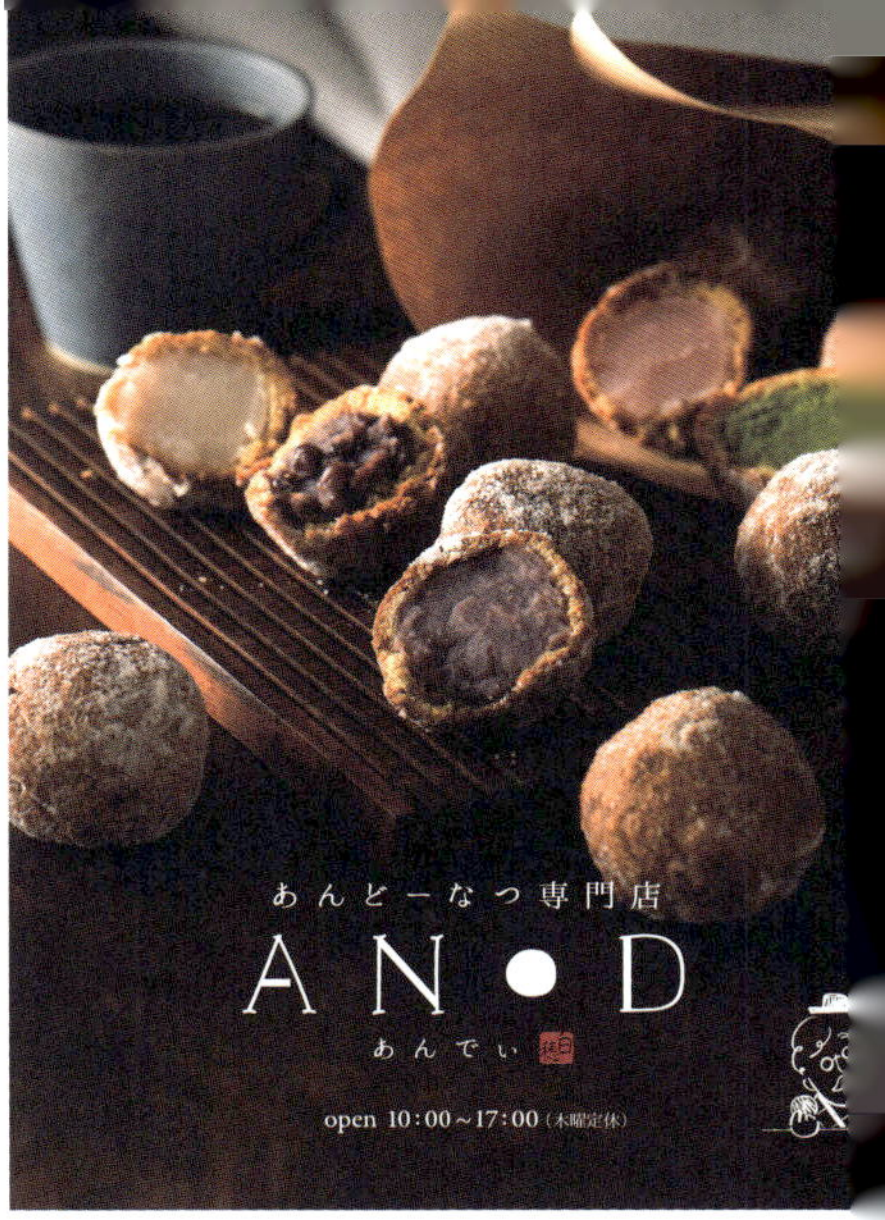

Photo: Atsushi Suzuki

おせちや
OSECHIYA

事例 5 — P.127

BtoBの食品卸で築いた強みをBtoCの通販事業の価値につなげ
魅力的なおせちブランドをつくる

◆株式会社 オージーフーズ 東京都 渋谷区

Photo: Takashi Sakakibara

事例 4 — P.113

「挑戦の歴史」から見つけた複数存在するルーツを最適化、商品を体系化して販売力を向上

◆ 木戸泉酒造 株式会社　千葉県 いすみ市

Photo: Atsushi Suzuki

はじめに

土地ごとに多様な食文化が存在する日本には、地域に根差した「食」に関わる企業が数多く存在します。地元の銘菓、その土地ならではの酒、何世代にもわたって親しまれてきた名産品……こうした商品は、それを扱う企業が大切に育て、確かな品質を守ってきたからこそ、長年多くの顧客に愛されてきました。

しかし、かつては企業の看板だった商品も、毎年たくさんの新商品が発売されている市場のなかで競争力を失い、売上が落ち込んでいる例は少なくありません。

私たちは７００社以上にのぼる全国各地の菓子、酒、そのほかのさまざまな食品のメーカーに対して、主に商品のパッケージデザインや販売促進を手掛けてきました。こうした仕事をしていくなかで、地域に根差した食の企業にはほかの商品と差別化できる強みがあるにもかかわらず、それが消費者にうまく伝わっていないケースが多い現実を目の当たりにしてきました。そこで、２０１９年にブランディング事業部を立ち上げ、すでにある企業や商品の価値をしっかりと消費者に発信していく目的で構築してきたのが「ルーツ・ブランディング」の手法です。

ルーツには「物事の根元」という意味がありますが、まさに企業の根っこの部分に着目するのがルーツ・ブランディングです。地域に根差してきた食の企業はうまく商品をブランディングできておらず、ほかの商品に埋もれてしまいがちですが、必ず根っこともいえる理念や歴史、地域性といった強みを持っています。それらのルーツを軸にブランディングをしていくことで、今の時代やニーズにあった商品として発信していくことができるのです。

本書では、具体的に私たちのブランディング手法を理解してもらえるように、７つの具体事例を通じて、そのノウハウを詳しくお伝えします。ルーツ・ブランディングの手法が、日本の素晴らしい食文化を醸成してきた地域と企業の未来を紡ぐ一助となれば、これほどうれしいことはありません。

目次

第1章

地域の特色と企業の強みを引き出し、商品価値を「深化」させるルーツ・ブランディングとは

第2章

銘菓・地酒・名産品
地域の特色を新たなカタチで打ち出し ブランド力を高めた7企業のサクセスストーリー

事例7

明確なビジョンを持つ企業×「魅せる」のプロ これもルーツ・ブランディングの成功の形

第3章 唯一無二の価値を生み出すブランディングが、ベストセラーではなくロングセラーを生む

第1章

地域の特色と企業の強みを引き出し、商品価値を「深化」させるルーツ・ブランディングとは

物語のある商品に消費者は関心を持っている

「駅の土産売り場で、うちの看板商品が売上2位にまで上がりました！」

これは私たちがパッケージデザインのリニューアルに携わった、地方で土産菓子を製造・販売する中小食品メーカーの担当者からいただいた言葉です。この土産菓子は直営店だけでなく、駅や空港の土産売り場でも販売され、長年にわたり多くの旅行客に親しまれてきました。しかし、その土産売り場では売上1位から3位までが不動の人気商品で占められており、これまでトップ3に入ることは叶いませんでした。

原料高騰による値上げのタイミングで、その食品メーカーは値上げに見合う付加価値を高めるために、商品のブランディングを強化することにしました。その一環として、パッケージデザインの見直しが必要となり、私たちに依頼が来たのです。

デザインのリニューアルというと、単に目を惹いて売れるパッケージをつくることが目的ととらえられがちですが、私たちのアプローチは異なります。いちばんに考えるのは、

「この商品を通じてお客様にどんな価値を届けたいのか」ということです。そのために、まずはその土産菓子にまつわる地域の風土を徹底的に調査しました。

そして、商品の核となる価値を深化することに注力し、商品のコンセプトや土地を象徴するモチーフ、カラーを設定しました。こうして、商品の背景にある物語を落とし込みながらシンプルで洗練されたデザインに仕上げたのです。その結果、この商品はリニューアルを機に大ヒットし、難攻不落と思われた売上2位にまで昇り詰めました。


この事例は一見するとただのデザイン制作やリニューアルの成功事例に見えるかもしれません。しかし、私たちがクライアントに提供しているのは、「デザイン」そのものを刷新することではなく、その背景にある「商品価値の深化」です。

プロジェクトがスタートする際、よくクライアントから「かっこいいデザイン、洗練されたデザインにしたい」という要望が挙がります。しかし、それをつくるためには、その商品や企業自体をどうしていきたいのかという問いが重要になります。良いデザインとは、商品や企業の価値を深化させるものなのです。

中小食品メーカーは、良質な素材へのこだわりや、長く培われた技術力、歴史や文化

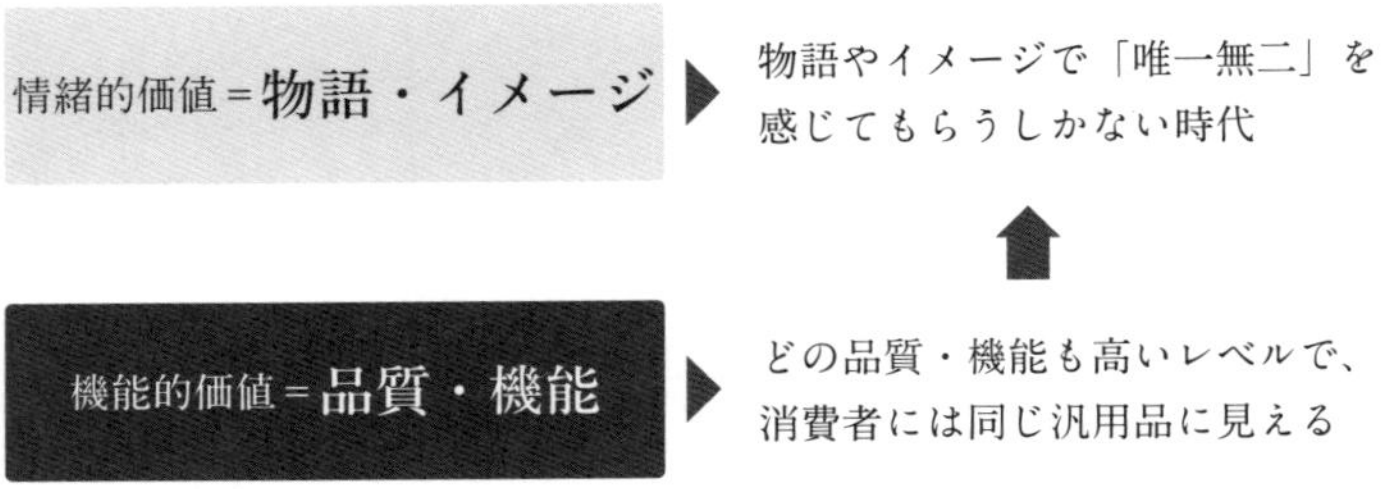

情緒的価値と機能的価値

に育まれた伝統を背景に魅力的な商品を持っています。しかし商品の機能的価値に依存し、ほかの地域から訪れる人や若い世代に商品本来の魅力を伝えきれていない企業も少なくありません。あらゆる商品がコモディティ化し、機能的には大きな差がなくなってきている今こそ、改めて自社の商品を客観的に見直し、ブランドイメージを再構築して発信することで新たな市場や顧客との出会いを創出することが必要です。

その第一歩は、商品づくりの背景にある物語を掘り起こすことです。企業や商品の歴史的背景、地域特性、企業の強み、つくり手としての思いから独自の物語という「情緒的価値」をつくることで、これまで接点のなかった顧客から愛される商品に変えていくことができます。

ブランディングの分野では、物語は人々の心に働きかけ、強い影響力を持つといわれています。社会や消費者の動向をしっかり分析したうえで、ほかにはない物語を導き出し、新たなブランドイメージへと展開することが重要なのです。

ブランディングの本来の価値

もともと、私たちは主に全国各地の菓子・酒・食品などの商品パッケージや、セールスプロモーションを軸としたコミュニケーションツールの制作を得意としたデザイン会社でした。といっても、顧客からの依頼にあわせてデザインを制作・製造・納品して終わりというような単純なものではありません。

まず、顧客の商品や事業、企業そのものをよく理解し、深く寄り添い、コンセプトを共有し、世界観を持ったデザインをつくることによって、商品の価値を最大限に引き出して社会に伝達するということを手掛けてきました。１９８０年代、いくつかの和菓子店のリニューアルを「お店全体を包む」というコンセプトで大成功させたのが契機となり、私たちはこれを「Ｉ＆Ｃ」（アイデンティフィケーション＆コミュニケーション）と名付け、「価値を深め、価値を伝える」事業と定義しました。いわゆる「らしさ」や「世界観」を感じさせるビジュアルイメージを通して消費者とコミュニケーションし、共感や愛着を育む手法です。この取り組みが今のブランディング事業の原点となっています。

２０００年代になると、「ブランディング」という言葉が一般社会に浸透しました。それからというもの、自分たちで定義したＩ＆Ｃではなくブランディングという言葉を使ってクライアントへ説明することが自然と多くなっていきました。使う言葉は変わっても、事業を通して提供する価値が変わることはないという思いから、２０１１年にＩ＆Ｃから「ブランディング＆プロモーション」へと事業理念を変更したのです。

この頃になると多くの企業がブランディングを重視し始め、世間の興味関心は高まりましたが、言葉の定義が乱立し、とらえ方も重視するポイントも人によって異なる状態でした。クライアントに「ブランディングとは何か。どれだけの売上が上がるのか」と問われたときも、説明し納得してもらう難しさを感じていました。

元来、ブランディングとは生涯顧客価値の向上や長期的な利益の創造を目指すものです。しかし、あるクライアントから「ブランディングをしても売上が上がらない」と短期間でプロジェクトを打ち切られてしまったときは、私たちの力不足を痛感しました。当時は自分たちのブランディングの手法を確立するために、迷いながらも試行錯誤を重ねる日々でした。

ただ、こうした苦い経験のなかに数々のヒントがありました。私たちがクライアントに寄り添って少しずつ進めていく、いわば「泥臭いブランディング」がとても喜ばれ、成果を出すことが増えていったのです。「自分たちだけでは進められなかったブランディングを半歩先からリードしてもらえるのが良かった」「自分たちの話を聞いて一緒に考えながら進めてくれたので安心できた」という言葉をかけられたとき、一歩先ではなく半歩先にいて寄り添う姿勢が求められていることに気づきました。クライアントは一緒に試行錯誤してくれるパートナーを求めていたのです。

事業を長く続けるなかで埋もれてしまった軸をともに見つけ出し、デザインとして表現することで、経営者や従業員が企業や商品に対する価値を再認識し、自信と誇りをもって先に進む勇気が得られます。この自信と誇りが、地域を未来へつなげる基盤になると確信しており、私たちがこれまで培ってきた経験がその実現に役立つと感じています。

このような経緯で私たちは独自の方法「ルーツ・ブランディング」を確立しました。拠り所となるのは、顧客のルーツからブランドの軸を見つけて形にするということです。日本全国各地で事業を営んできた企業の数だけ、それぞれにルーツがあり、唯一無二のブランドストーリーが生まれていると確信しました。

商品価値を「深化」させるルーツ・ブランディングとは

私たちが提案するルーツ・ブランディングは、地域特性、歴史的背景、企業の強みなど、モノづくりの背景にある「根っこ」のあらゆる部分を深掘りし、唯一無二の物語を紡ぎ、伝える形にします。それぞれの企業や商品の根っこにあるものを再発見し、消費者に独自性をより強くイメージさせる世界観をつくり出す手法です。

このルーツ・ブランディングはどんな業種にも応用できますが、なかでも効果を発揮できるのが地域に根差した菓子・酒・食品などのメーカーです。食品産業を担うメーカーは全国各地に存在しており、素材や製法などのこだわりも千差万別です。各地域の特色や企業の強みを深掘りすることで、唯一無二の物語を見つけることができるのです。

自社の商品を通して地域の発展に貢献したい、日本の食を広く発信していきたいといった思いも共感を得られる物語になります。地域特性である「風土」×つくり手が持つ「熱意」という複数の要素の組み合わせによって、その企業にしかない物語を生み出すことができるのです。こうした唯一無二の物語で商品価値を「深化」させ、文字どおり深く愛してくれるファンを増やしていきます。

こうした地域に根差している食のメーカーは中小企業が多く、「ブランディングは大企業が行うものであって、うちみたいな小さな会社には必要ない」と決めつけてしまっているケースも少なくありません。しかし、それではファンを増やすチャンスを逃しかねないのです。

また、ルーツ・ブランディングによって唯一無二の独自性をもったブランドになれば、価格競争に巻き込まれにくくなります。今後、中小企業にとっては、高付加価値の創出こそが大切なテーマになります。ルーツ・ブランディングによって商品への愛着を得て、ファンになってもらえれば、多少価格が高くても買ってもらえるようになります。当たり前ですが高付加価値で商品が売れれば収益性は向上し、従業員のやり甲斐の向上にも関わってきます。これが従業員の成長の場となれば、優秀な人材の獲得にもつながります。食品産業が後継者や人材を確保し、安定的な発展をしていくためにも、ブランディングで高付加価値を創出していく必要があるのです。

「調べる」「磨く」「魅せる」の3つのステップ

ルーツ・ブランディングは、「調べる」「磨く」「魅せる」の３つのステップで行うのが基本的な流れです。

まず第１ステップの「調べる」です。これがルーツ・ブランディングの肝になります。一般的な市場調査や３C分析なども行いますが、私たちは特に歴史的背景、地域特性、企業の強み、経営者や従業員の思いなど、モノづくりの背景にある根っこを深掘りして徹底的に調べます。なかでも「事業を育んだ風土」と「企業が受け継いできた精神」はとても重要です。なぜこの地で事業が起こり、続いてきたのかを知ることで企業の原点を掘り起こし、未来に受け継ぐための価値を見いだすことができるからです。

調査方法としては、新聞や雑誌の過去記事、論文などの客観的資料のチェック、経営陣・従業員への取材はもちろんですが、いちばん大切なのが直接現地へ足を運び、現場の空気感をとらえることです。実際に体験することで、資料やインターネットでは分からないものが見えてきます。また、第三者の視点で見ることで、当事者には当たり前す

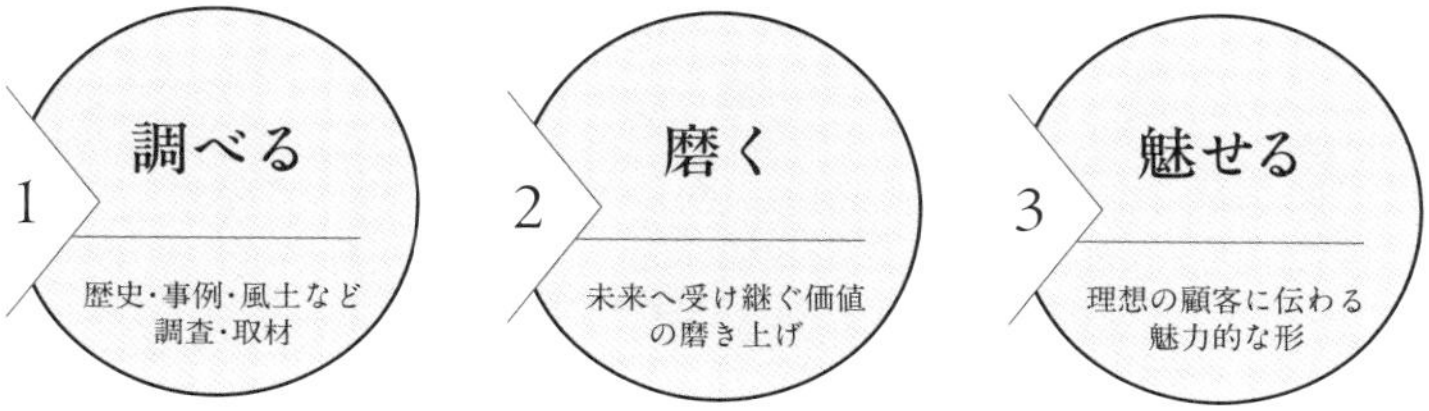

ルーツ・ブランディングの３ステップ

ぎて気づけなかった価値を発見し、それが大切なコンセプトのヒントになることもよくあります。確証のある資料だけにとどまらず、口伝など形になっていないものもできる限り集めます。

取材のなかで特に参考にしているのが激動期をどのように乗り切ったのかということです。オイルショック、リーマンショック、コロナ禍……、老舗であれば明治維新、第二次世界大戦、災害の多い日本での大地震、台風被害など、激動期に自分たちの事業を守るために取った策に、企業の考え方や姿勢、哲学が見えてくるからです。

第２ステップは「磨く」です。価値のキーワードを整理し、未来へつながるコンセプトへと磨き上げていきます。このステップでは、「調べる」で収集した情報からキーワードを徹底的に洗い出します。膨大な数になることもありますが、歴史、精神、風土などの観点で分類し、特に重要なキーワードを絞り込んでいきます。それらを関連付けて物語を導き出し、言語化することがコンセプトメイキングの本質的な過程です。

コンセプトメイキングを行う際に重要なのは、クライアントとの徹底的な話し合いです。経営者をはじめとした会社のメンバーが「調べる」で見いだした価値を咀嚼し、「これが自分たちのコンセプトだ」と腹に落とすことが必要だからです。

こうして経営者や社員たちが腹落ちした価値観を、消費者が共感し愛着を持ち、好きになり、ファンになるような形でつなげることにより、ブランディングの全体を貫く軸としてふさわしいコンセプトに磨き上げていけるのです。

第3ステップは「魅せる」です。「調べる」「磨く」で導き出したコンセプトを、目的に合わせてパッケージやラベル、パンフレット、ウェブサイトなどの顧客接点となるツールに落とし込み、ブランドのイメージをつくり上げていきます。それぞれのツールから一貫したコンセプトが感じられることで、ブランドらしい世界観が消費者の頭の中に蓄積されるのです。

実は最もハードルが高いのが「磨く」から「魅せる」のステップへの移行、つまり概念であるコンセプトをデザインという形に落とし込む橋渡しの過程です。しっかり調べて素晴らしいコンセプトができたにもかかわらず、なかなか思ったようなデザインにならないことは珍しいことではありません。そのような状態になったときの改善策として考えられることが主に三つあります。

一つ目は、「デザインコンセプトを明確にすること」です。デザインコンセプトとはデザインを制作する際の基本となる指針です。コンセプトが抽象的であればあるほど、それをデザインとして具体的に表現するためのキーワードが大切になります。磨き上げたブランドのコンセプトを表現するために、どんな雰囲気にしたいのか、どの色を使いたいのか、何をモチーフにするのかをイメージしながらキーワードにしていくことで、デザインの方向性が固まってきます。

二つ目は「迷いを晴らすこと」です。デザインがしっくりこない場合、実は「心が納得していない」ということが多いのです。あれもこれも大事だから言いたい、でも全部詰め込むと何が言いたいのか分からない、その迷いがデザインに表れてしまうのです。逆に「これだ!」という軸が明確になったとき、デザインも自ずとすんなり決まっていきます。

三つ目は「クリエイターと対話すること」です。デザイナーやカメラマン、ライター、それらのクリエイターを統括するディレクターは、「魅せる」表現をつくるプロフェッショナルとして多くのノウハウやスキルを持っています。デザインコンセプトも、それをデザインに落とし込む迷いも、クリエイターとの対話で明確になっていきます。よくあるコンセプトとして「この商品の価値を20～30代の女性の感性に訴える」というものがあります。しかし、いまや年齢で趣向を分類することはできない時代です。そこでクリエイターは表現まで落とし込んでいくためにクライアントに次々と質問します。「その感性とはどんな世界観なのか」「その感性を持った女性を有名人でたとえると誰か」など、対話を通してデザイン表現の方向性が定まっていくと同時に、コンセプトもブラッシュアップされていきます。

こうしたプロセスを経て独自性のあるブランドにしていくのが、ルーツ・ブランディングの「調べる」「磨く」「魅せる」です。全体的なイメージとしては、花に例えると分かりやすいでしょう。根っこ＝「調べる」(歴史・風土・思い・情熱・戦略)、幹・茎＝「磨く」(磨かれる価値・貫かれるコンセプト)、花びら＝「魅せる」(目に見えるデザイン・形・言葉)と、開花(＝成功)といったイメージです。

第2ステップの「磨く」と第3ステップの「魅せる」については、両者を行き来しながら進めることも少なくありません。なぜなら、「魅せる」のツールを制作しても、すぐに「これでＯＫ」になるとは限らないからです。これは決して失敗ではなく、必要なプロセスです。「魅せる」のデザインを制作して納得がいかなければ、「磨く」に立ち返ってコンセプトを見直します。より納得できるデザインにするために大切なことです。形にしてみることでさまざまな気づきがあり、より良いコンセプトを発見できることもあります。そのため、「磨く」の段階でとことんコンセプトを考えて行き詰まってしまったら、先に一度デザインしてみるのも一つの方法です。

企業・事業・商品の3つのブランディングがある

ブランディングと一口にいっても、実際にはいくつかのタイプに分かれます。私たちが行うルーツ・ブランディングには「企業ブランディング」「事業ブランディング」「商品ブランディング」の３つのタイプがあります。

企業ブランディングは、企業のあり方や存在意義を世の中に宣言し、企業経営において、直接的・間接的に関係するすべてのステークホルダーの共感や愛着を育むために行います。「先代の経営を尊重しながら、自分の代で新しい経営方針を確立したいと考えている」「社員が自分の仕事に誇りを持って、生き生きと働ける環境をつくりたいと願っている」といったニーズに適しています。企業全体の方向性を決めるブランディングであるため、社長をはじめとした経営陣と密にコミュニケーションを取りながら進めます。最終的なアウトプットとしては、ウェブサイトなどの「魅せる」のツールだけでなく、経営理念やＣＩ（コーポレート・アイデンティティ）の策定、会社案内や採用ツールの制作に至ることも多いのが企業ブランディングの特徴です。

事業ブランディングは、「既存の事業にとらわれることなく新規事業を立ち上げたいが、そのために一からブランディングを行いたい」「リーダーが描く新しい価値観の青写真が社内でなかなか理解されず、プロジェクトが難航しているため外部の力を借りたい」といった際に私たちがお手伝いしています。例えば、ＢtoＢ（Business to Business／法人向けビジネス）の企業が、新たにＢtoＣ（Business to Consumer／一般消費者向けビジネス）のマーケットに参入する新事業を始める際に行います。

商品ブランディングは、「新たに開発する商品を会社の主力商品に育てていきたい」「既存の商品をブラッシュアップしてさらに価値を高めたい」といったニーズに応えるために行います。商品ブランディングだけを行う場合もあれば、企業ブランディングを行って企業や事業の方向性を明確にしたうえで商品ブランディングを行う場合もあります。どちらにしても、長く愛されるロングセラーの商品にすることが、商品ブランディングの使命になります。

私たちが考える「ブランディング」とは

これらのブランディングを実現するために、私たちは全国47都道府県に点在するクライアントのもとへ赴きます。地方を訪れてつくづく実感するのは、それぞれの地域に根差した食品産業がもつ文化的・産業的な多様性は、日本が世界に誇るべき資産だということです。地方には真面目にこつこつと良い商品やサービスを生み出す企業がたくさんあります。それにもかかわらず、経済も文化も都市部へ一極集中が進むなかで、多くの地域企業が「自分たちの強みや個性がこれからも通用するのか」と、確信を持てずにいるように感じることがあります。私たちが「地域」や「食」にこだわるのは、日本の食品産業がもっと輝くように応援したいという気持ちが強いからです。

私たち事業部は、企業や事業、商品、サービスに込められた想いや価値観を世の中へ魅力的に伝えることを目指し、視覚化や言語化を通じた表現を用いてメッセージを届けるお手伝いをしています。

具体的な業務としては、クライアントの「らしさ」を際立たせるために、ブランドの象徴となるロゴ、パッケージや包装資材のデザイン、ブランドストーリーを表現するグラフィックデザイン、ウェブサイトのデザイン・設計・構築を手掛けています。また、販促媒体の提案やプロモーションの企画、さらには商品開発やプロデュースにも取り組んでいます。

私たちが企画・デザイン・制作するブランドの表現物は、美的要素だけでなく、歴史や風土に根差し、経営者や開発者、従業員の想いを深く反映することを最も重視しています。だからこそ、ブランドがもつ唯一無二の世界観を表現し、差別化することができるのです。私たちは長年にわたりライフデザインを掲げ、クライアントの経営を未来へとつなげるブランドづくりに貢献してきました。

食品産業は日本が世界に誇ることができる主要産業であり、食は地方の経済を支えながら、地域ごとの多様性を生み出してきました。しかし、社会の大きな変化や熾烈な競争の結果、マーケットの先細りによって地方の食品産業が衰退してしまえば、その多様性は失われてしまいます。世界に誇る食の魅力が色褪せていくということなのです。日本にとって、そのような未来は望ましくありません。多様性を未来につなげていくためにも、私たちは「地域」や「食」にこだわったブランディング事業を展開し、その有効な手法としてルーツ・ブランディングのノウハウを構築してきました。

ルーツ・ブランディングが未来を切り拓く

私たちにとってルーツ・ブランディングを行う目的を一言で表現すると「未来を切り拓く」という言葉になります。過去を軸として現在の行動や意志があり、それを未来のビジョンへつなげていくイメージです。唯一無二の物語は、企業や商品の軸となるものです。揺るぎない軸を再確認することで、未来に向けた力強い一歩を踏み出すことができます。「老舗として長い歴史を積み重ねてきたが、未来には漠然とした不安を感じており、進むべき道を明確にしておきたい」「自分たちの強みになっている企業のＤＮＡを未来につなげていきたい」「未来に向けて、残すべきものと削ぎ落とすべきものをきちんと見極めたい」など、ルーツ・ブランディングは未来志向の企業にとって大いに役立つ存在となるはずです。

第2章では、実際に私たちがルーツ・ブランディングを行ったクライアントの具体事例を紹介します。さまざまなケースにおける手法や進め方、成功のポイントを解説していきますので、ぜひ参考にしてください。

第2章

銘菓・地酒・名産品

地域の特色を新たなカタチで打ち出し
ブランド力を高めた7企業のサクセスストーリー

事例 1

後継者も知らなかった先代の記憶を紐解き長い歴史をもつ菓子の価値を再構築した伊勢の名物餅屋

三重県 伊勢市
◆有限会社 二軒茶屋餅角屋本店

長い歴史を未来へつなげるために何を価値にしていけばよいのか

三重県伊勢市の二軒茶屋餅角屋本店で行ったブランディングは、歴史を深掘りしたルーツ・ブランディングとして、非常に分かりやすい事例です。

創業400年以上になる店の歴史、まちの歴史を改めて紐解くことで、「ここでしか食べられない本物の餅」「ここでしか感じられない土地の記憶、風土の物語」というコンセプトを導き出し、「行ってみたい」「食べてみたい」という魅力をより多くの人に伝

三重県伊勢市の二軒茶屋餅角屋本店は、ＪＲ五十鈴ケ丘駅から1km強の場所に立地

えることができるブランディングを行いました。

二軒茶屋餅角屋本店は、口伝で天正３年（１５７５年）に伊勢の現在地に誕生したといわれ、２０２５年に創業４５０年を迎えます。天正３年といえば、織田信長と徳川家康の連合軍が、武田勝頼が率いる武田軍を破った長篠の戦いがあった年です。戦国時代から続く二軒茶屋餅角屋本店の暖簾を、現在21代目の鈴木成宗《なりひろ》社長と、女将である鈴木千賀専務が今に受け継いでいます。

業種は和菓子店ですが、販売しているのは二軒茶屋餅と名付けられたきな粉餅のみです。お土産として持ち帰るお客様、また出来立てのきなこ餅を店内でお茶とともに召し上がるお客様の両方に利用され、地元ではよく知られた存在です。長く地域に根づいてきた老舗は地域の宝といわれますが、創業400年以上を誇る同店は、まさにその極みのような存在です。歴史を感じさせる店構えも、訪れる人たちの心に染み入るような風情があります。

しかし、これだけの老舗で地元ではよく知られていても、ほかの地域の人にはあまり知られた存在ではありませんでした。その大きな理由が立地です。伊勢は伊勢神宮の参拝客で賑わう有名な観光地で、お伊勢参りの街道には土産店や飲食店が軒を連ねています。内宮の近くにある、おはらい町とおかげ横丁は大人気で、伊勢土産や伊勢グルメを楽しむ観光客で大いに賑わっていますが、二軒茶屋餅角屋本店は伊勢神宮の内宮から4〜5km、外宮からも2〜3km離れた住宅地にポツンと佇んでいるのです。それでも店の経営が立ち行かなくなるわけではありませんでした。立地に恵まれなくても、一定の人気を維持し続けることができる実力が同店にはあるのです。

そのような状況だったにもかかわらず、社長と専務が私たちにブランディングを依頼したのは、二軒茶屋餅角屋本店の未来を見据えてのことでした。最初の打ち合わせで「この長い歴史を未来につなげていくために、自分たちが何を価値にしていけばよいのか、そこがボヤけてしまっているので手伝ってほしい」というご要望を受けました。商いの原点の歴史を絶やさず、未来を紡いでいくためには、今のうちにしっかりとブランディングを行う必要があると考えたのです。

資料を調べ上げ、先代とも直接話し、「歴史」の深掘りを重点的に実施

私たちがまず行ったのは、店の歴史、まちの歴史を徹底的に調べることです。ほかの事例でも歴史は調べますが、このプロジェクトでは、歴史がブランディングの核になると考えたからです。そもそもなぜ、伊勢神宮の内宮・外宮から離れた住宅地に４００年以上もの歴史がある餅菓子の老舗があるのか、私たちは不思議でならなかったのです。何か歴史的な理由があるに違いないと感じました。

伊勢市の図書館では伊勢の歴史・風土を徹底的に調査し、国会図書館では二軒茶屋餅角屋本店が数十年前に雑誌で取り上げられた記事なども入手しました。相当な数の文献や資料を閲覧し、かなりの時間と労力を要しましたが、歴史にはそれだけ注目すべき点が多かったのです。

また、これだけの歴史を調べ上げたのは、当時89歳だった同社の会長にもインタビュー

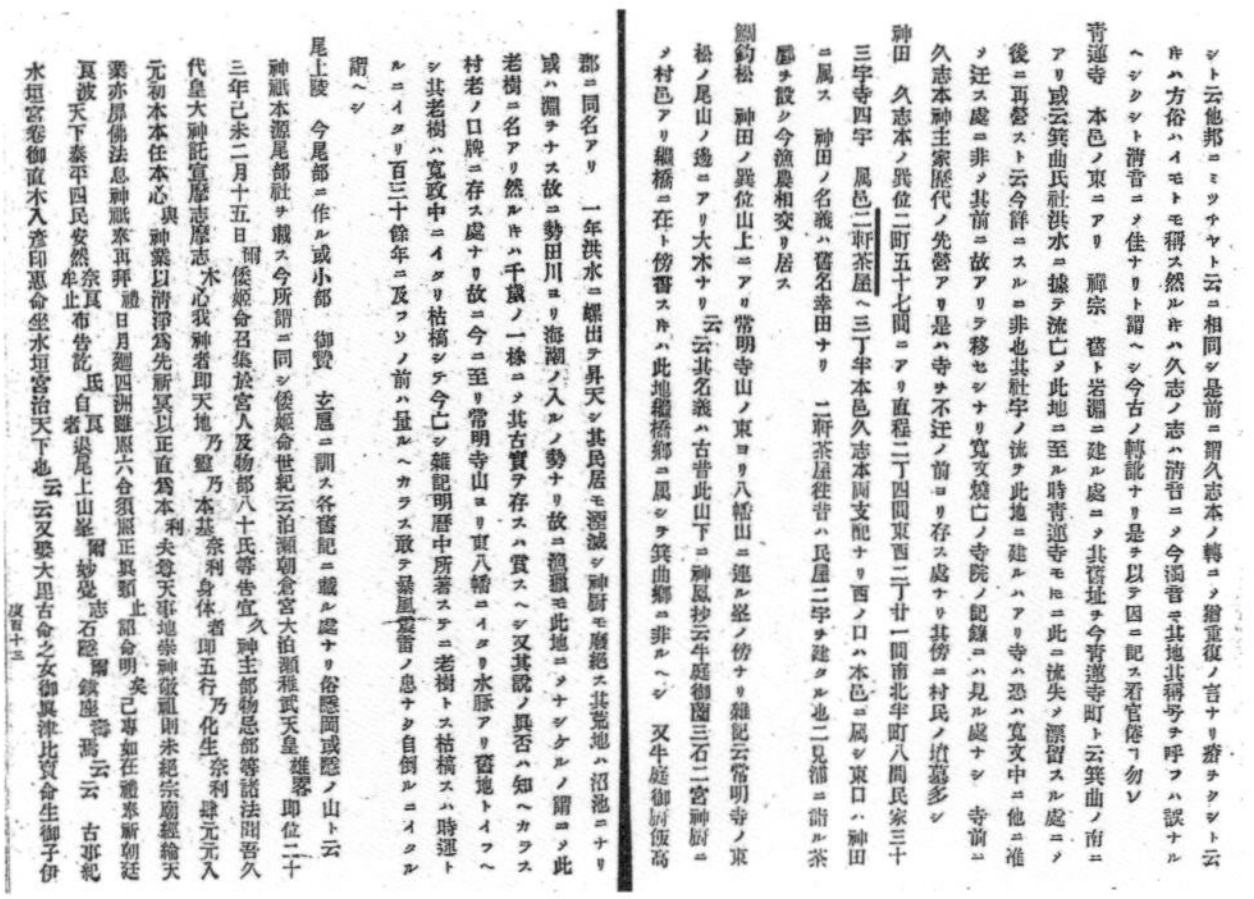

シト云他邦ニミツナヤト云ニ相同シ是前ニ謂久志本ノ轉ニメ猶重復ノ言ナリ猶チクシト云
牟ハ方俗ハイモトモ稱ス然ルヰハ久志ノ志ハ清音ニメ今濁音ニ其地其稱号ヲ呼フハ誤ナル
ヘシクシト清音ニメ佳ナリト謂ヘシ今古ノ轉訛ナリ是ヲ以テ因ニ記ス看官倦ヿ勿レ
青遊寺　本邑ノ東ニアリ　禪宗　舊ト岩淵ニ建ル處ニメ其舊址ヲ今青遊寺町ト云箕曲ノ南ニ
アリ或云箕曲氏社洪水ニ據テ流亡メ此地ニ至ル時青遊寺モ叱ニ此ニ流失メ漂留スル處ニメ
後ニ再營スト云今評ニスルニ非也其社字ノ流ヲ此地ニ建ルハアリ寺ハ恐ハ寛文中ニ他ニ準
メ迁ス處ニ非メ其前ニ故アリテ移セシナリ寛文燒亡ノ寺院ノ記録ニハ見ル處ナシ　寺前ニ
久志本神主家歴代ノ先塋アリ是ハ寺ヲ不迁ノ前ヨリ存ス處ナリ其傍ニ村民ノ墳墓多シ
神田　久志本ノ巽位二町五十七間ニアリ直程二丁四間東西二丁廿一間南北半町八間民家三十
三宇寺四宇　属邑二軒茶屋ハ三丁半本邑久志本同支配ナリ西ノ口ハ本邑ニ属シ東口ハ神田
ニ属ス　神田ノ名義ハ舊名幸田ナリ　二軒茶屋往昔ハ民屋二宇ヲ建タル也二見舘ニ詣ル茶
店ヲ設シ今漁農相交リ居ス
鯛釣松　神田ノ巽位山上ニアリ常明寺山ノ東ヨリ八幡山ニ連ル嶺ノ傍ナリ雜記云常明寺ノ東
松ノ尾山ノ邊ニアリ大木ナリ云其名義ハ古昔此山下ニ神風抄云牛庭御園三石二宮神厨ニ
メ村邑アリ繩橋ニ在ト傍番スヰハ此地繩橋鄉ニ属シテ箕曲鄉ニ非ルヘシ　又牛庭御厨飯高
郡ニ同名アリ　一年洪水ニ螺出テ昇天シ其民居モ湮滅シ神厨モ廢絶ス其荒地ハ沼池ニナリ
或ハ淵ヲナス故ニ勢田川ヨリ海潮ノ入ルノ勢ナリ故ニ漁獵モ此地ニメナシケルノ謂ニメ此
老樹ニ名アリ然ルヰハ千歳ノ一株ニメ其古實ヲ存スハ貴スヘシ又其説ノ異否ハ知ヘカラス
村老ノ口牌ニ存ス處ナリ故ニ今ニ至リ常明寺山ヨリ東八幡ニイタリ水豚アリ舊地トイフヘ
シ其老樹ハ寛政中ニイタリ枯槁シテ今亡シ雜記明暦中所著ステニ老樹トス枯槁スハ時運ト
ルニイタリ百三十餘年ニ及フソノ前ハ量ルヘカラス敢テ暴風震雷ノ患ナク自倒ルニイクル
謂ヘシ
尾上陵　今尾部ニ作ル或小部　御覽　玄扈ニ訓ス各舊記ニ載ル處ナリ俗隱岡或隱ノ山ト云
神祇本源尾部社ヲ載ス今所謂ニ同シ倭姫命世紀云泊瀬朝倉宮大泊瀬稚武天皇雄略即位二十
二年己未二月十五日爾倭姫命召集於宮人及物部八十氏等告宣久神主部物忌部等諸法啓吾久
代皇大神託宣摩志摩志木心我神者即天地乃鎭乃本基奈利身体者即五行乃化生奈利肆元元入
元初本本任本心與神業以清淨爲先斯冥以正直爲本利夫尊天事地崇神敬祖則未絶宗廟經綸天
業亦屏佛法息神祇奉再拜禮日月廻四洲雖照六合須照正眞顯止詔命明矣己專如在禮奉斯朝廷
眞波天下泰平四民安然牟止奈眞布告訖氏自眞者退尾上山峯爾妙覺志石隠爾鎭座寄焉云云　古事紀
水垣宮卷御眞木入彦印惠命坐水垣宮治天下也云云又娶大毘古命之女御眞津比賣命生御子伊
頁百十三

上：天保４年に完成した伊勢国に関する地誌『勢陽五鈴遺響』に「二軒茶屋」の記載がある（注：著者傍線）
出典：安岡親毅『勢陽五鈴遺響 10 度会郡 自１ノ巻至９ノ巻』
下：現社長の祖父である先々代の鈴木藤吉氏による 1977 年のインタビュー。家業への並々ならぬ思いが伝わる。このように、国会図書館や公立図書館の郷土資料コーナーなどで関連する資料を入手した
出典：中部財界社『中部財界』

を行うことになったことも理由の一つです。会長は郷土歴史家といっていいほど伊勢の歴史にもたいへん詳しい方でした。二軒茶屋餅角屋本店や伊勢のことを何も知らないインタビュアーでは、会長の豊富な知識を上手く引き出すことはできません。インタビューをより有意義なものにするためには、事前の調査がたいへん重要です。その後、約3〜4時間のインタビューを2回行い、二軒茶屋餅角屋本店や伊勢の歴史をさらに深く知ることができました。そのなかには息子である社長が初めて聞く話もありました。

文献調査やインタビューが終わったら、そこで得られた情報からキーワードを抽出し、要素ごとに整理します。資料を読みながら気になるキーワードにマークを付け、それを付箋に転記します。付箋は相当な数になりますが、身近な視点から徐々に範囲を広げて分類していくと、少しずつ関連性が見えてきます。その後、思考の表現方法として広く用いられるマインドマップに落とし込み、キーワード同士を関連付けます。

二軒茶屋餅角屋本店の例では、創業家「鈴木家」、店がある「地域としての二軒茶屋」、店舗裏の「勢田川《せたがわ》」、そして広域的な「伊勢」の4つの視点で分類し、キーワードを整理しました。このアプローチによって、膨大な文献やインタビューから得た内容がつながっていき、コンセプトの基となる重要な物語が浮かび上がりました。

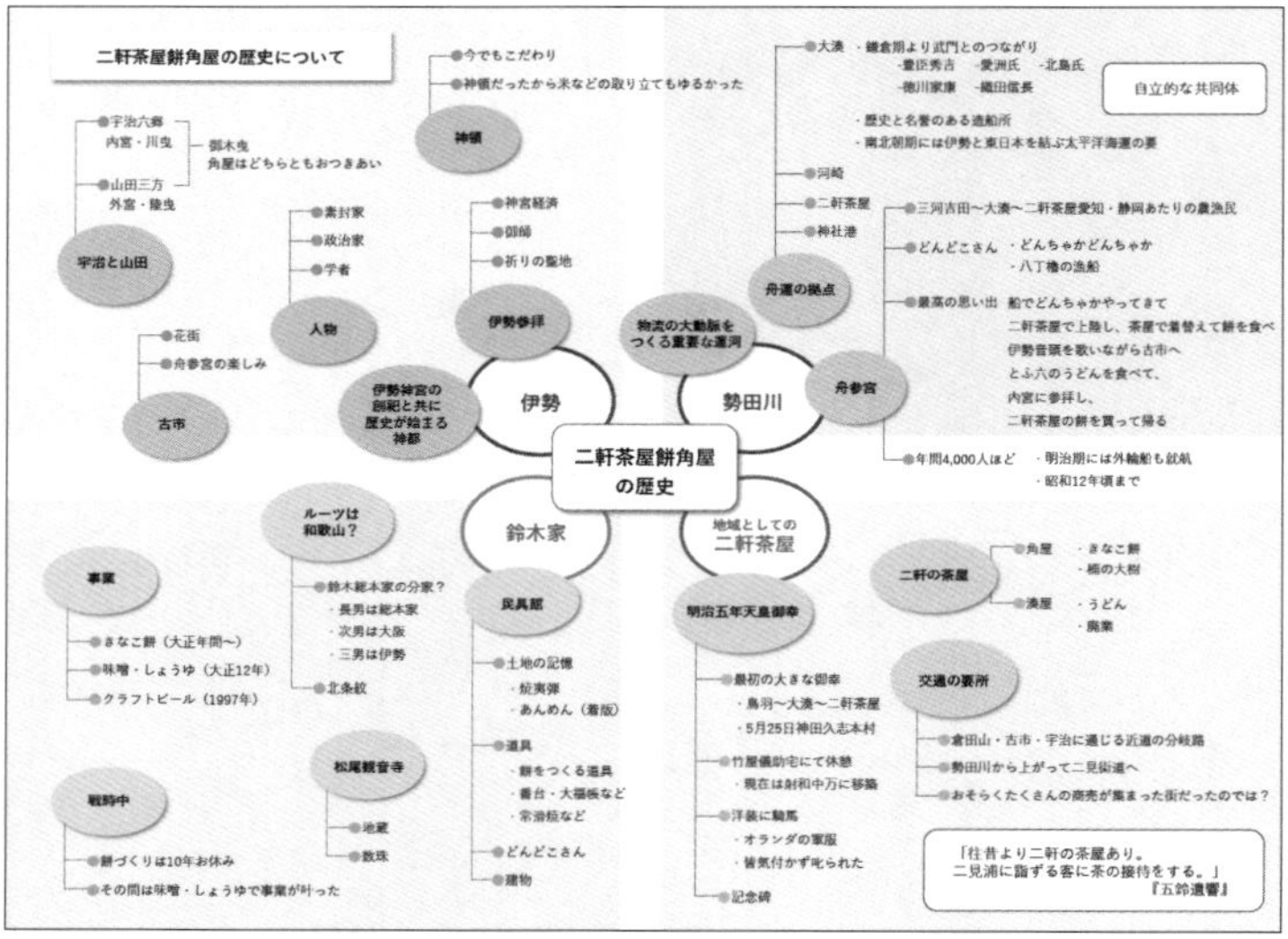

二軒茶屋餅角屋本店の歴史を整理するために作成したマインドマップ

情報整理の過程では、キーワードを過度に絞り込まないよう注意が必要です。あまりにも少ない情報だと発想が狭まり、予想外の事柄との結び付きを見逃す恐れがあります。このため、「調べる」の初期段階では幅広く情報を集め、整理する際も可能な限り豊かな発想で関連付けていくことが肝心です。

ちなみに、この案件においては、通常行う競合分析を行わないことにしました。伊勢の餅菓子店はそれぞれ独自の歴史と特徴があり、競合というよりは共存共栄の関係が強く、各店が地域全体の魅力を高める一環として協力している印象が強かったからです。

かつては「舟参宮」が盛んで商人が闊歩した自治都市、知られざる伊勢の歴史があった

調査から分かってきたのは、店がある場所は単なる住宅街ではなく、神宮から離れた場所であっても、実は重要な拠点だったことです。店舗の背面には勢田川が流れています。内宮の真西にある鼓ヶ岳《つづみがだけ》を水源とし、伊勢市街地を通り、伊勢湾へ続く全長7・3kmの短い川です。現在は河川敷が整備され、一見、どこにでもあるごく普通の川に見えますが、歴史をさかのぼると別の風景が見えてきます。

伊勢では江戸時代から昭和初期まで、三河（愛知県）や遠江（静岡県）の民衆が船で伊勢湾を渡り、お伊勢参りにやってくる「舟参宮」が盛んでした。その舟運に使われたのがこの勢田川で、拠点の一つが二軒茶屋だったのです。二軒茶屋というのは船着き場の名前で、そこに二軒茶屋餅角屋本店の先祖である「角屋」と「湊屋」という二軒の茶屋があったことに由来しているそうです。この地名にちなんで、同店の餅も二軒茶屋餅と呼ばれるようになったと伝えられています。

伊勢湾を渡って勢田川の二軒茶屋に辿り着いた参宮客は、街道に入る前に茶屋で一服

現在の勢田川

し、船旅の疲れを癒やしたに違いありません。そしてこの茶屋で食べる餅が身体も心もほっと和ませてくれるような美味しさだったからこそ、多くの人に愛されることになったのだと思います。それにしても、勢田川の歴史には衝撃を受けました。江戸時代のお伊勢参りといえば、伊勢街道を徒歩で行くものだと思い込んでいたからです。陸路以外に、伊勢湾を渡る舟参宮の海路があったとは知りませんでした。

また、1600年代初頭、伊勢山田(現在の伊勢市)の町衆が生み出した「山田羽書」は日本最古の紙幣といわれ、伊勢が商業の盛んな自治都市であったことを物語っています。伊勢といえば伊勢神宮の荘厳で神聖な世界がありますが、一方で、商いに励む町衆の自由闊達な世界も古くからありました。「祈りのまち」と「商いのまち」、この2つの世界が表裏一体となり、伊勢の歴史をつくっていたのです。そして、経済発展を支える物流の大動脈でもあったのが勢田川であり、この短い川に河崎、神社港、大湊という港町が存在し、日本中の荷船が幾艘も出入りして活況を呈していました。

生餅を通して、ここにしかない土地の記憶、風土の物語を体感・体験する

「調べる」の次に、未来に受け継ぐ価値を磨き上げる「磨く」のステップに入ります。二軒茶屋餅角屋本店の場合、ここはかつて舟参宮の拠点であると分かったことで「もう一つの伊勢」というキーワードが浮かび上がりました。伊勢神宮の近辺だけが伊勢ではない、少し離れた勢田川の港町にも、歴史的に重要な役割を果たしてきた「もう一つの伊勢」があることを、もっと知ってもらうことが大きな価値になると考えたのです。二軒茶屋餅角屋本店が「もう一つの伊勢」を象徴する店であることを知ってもらえば、歴

上：河崎の蔵群
中：海の玄関口・神社港
下：二軒茶屋餅角屋本店の民具館

史に裏打ちされた魅力的なブランドであるという説得力が格段に増します。そして実際に訪れる人たちが「もう一つの伊勢」の歴史にロマンを感じたり、知的好奇心がかき立てられたりすればその価値はさらに高まります。

こうした発想から導き出したブランドコンセプトが「生餅を通して、ここにしかない土地の記憶、風土の物語を体感・体験する」です。これは店を訪れる人が感じる価値を言葉にしたものですが、実は社長や従業員にこの店の持つ価値を改めて認識してもらうコンセプトでもあります。本人たちにとって慣れ親しんだ土地であり、当たり前の日常風景が、ほかの地域から訪れる人にとっては特別な場所や時間になることを、第三者ならではの視点として提案したのです。

コンセプトがある程度見えてきた段階で、撮影を行うことにしました。写真家、社長と専務、そして私たちとで、二軒茶屋の周辺だけでなく、河崎、神社港など勢田川の港町を巡り、そして伊勢湾を船で渡ってかつての舟参宮を追体験しながら、二軒茶屋餅角屋本店との由縁があるさまざまなスポットを写真に収めていきました。私たちが言葉だけで説明するよりも、まちの風景を魅力的に切り取った写真を見たほうが、「土地の記憶、風土の物語」とはどういうことなのかをイメージできるからです。撮影のプロセスを通して言葉を視覚化することによって、社長と専務にコンセプトの理解をより深めてもらうことができました。

「ここでしか食べられない家伝の生餅」という唯一無二の価値を訴求

「もう一つの伊勢」という歴史を価値にするブランディングにおいて、やはり重要な鍵となるのは、商品としての「二軒茶屋餅」です。二軒茶屋餅は、餅本来の美味しさと柔らかさを味わえる「生餅」であることが自慢ですが、すぐに固くなるため日持ちしないのが欠点です。日持ちを延ばすために製法を変える選択肢もありましたが、それでは家伝の味が失われてしまいます。鈴木家では長年、家伝の生餅を守り続けるか、事業拡大のために製法を変えるかで葛藤してきました。

今回のブランディングでは、改めてこの重要な課題と向き合いました。先代と現社長、専務とも話し合い、家伝の生餅への深い思いを確認し、また、50年ほど前の雑誌に掲載されていた先々代のインタビュー記事を発見し、家伝の生餅を貫くことの大切さが改め

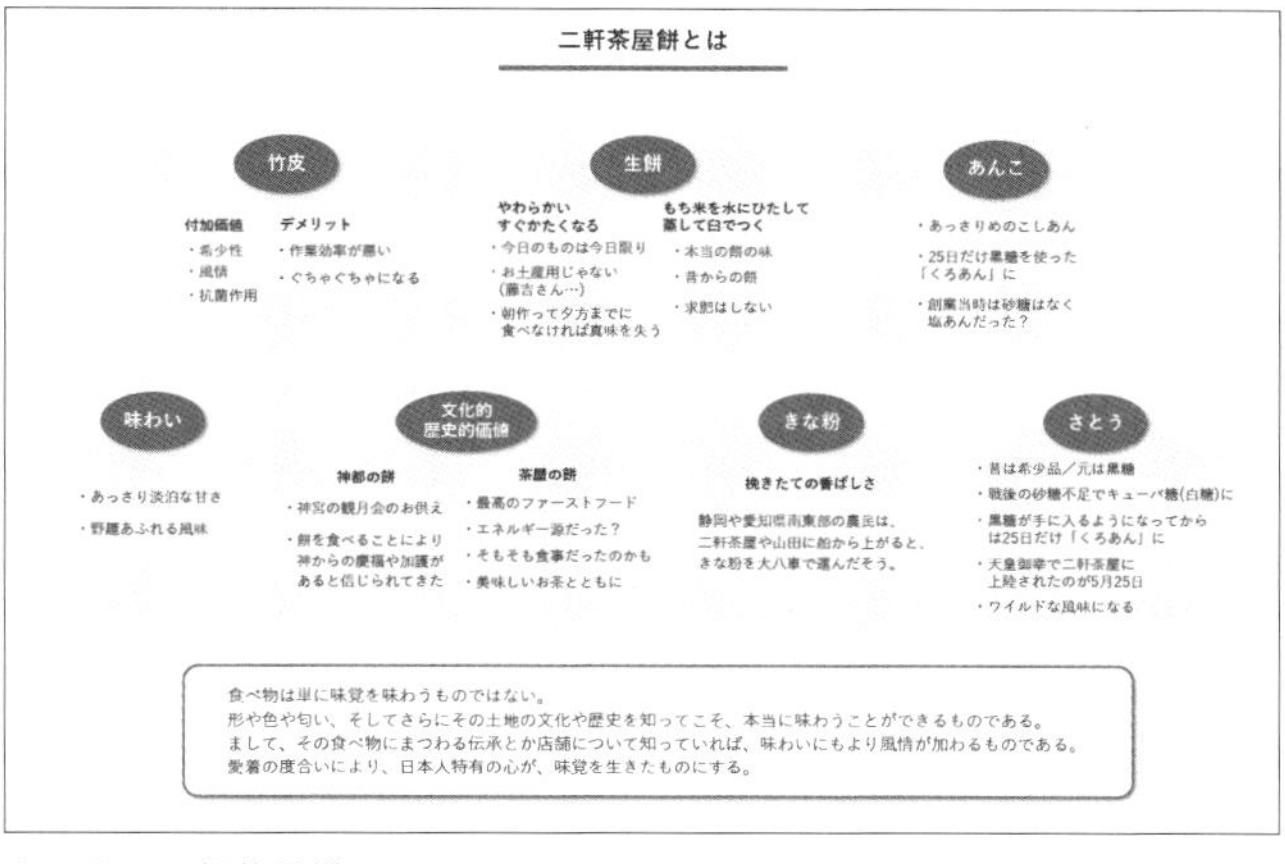

上・中：二軒茶屋餅
下：二軒茶屋餅の商品特性についても改めて整理した

て浮き彫りになったのです。こうして、事業拡大よりも品質を追求し、ここでしか味わえない餅を提供することに焦点を当てる方針を明確にしました。

こうして「400年以上受け継がれてきた家伝の生餅。ここでしか味わえない本物の餅」というアピールポイントが確立されました。また、「すぐに固くなるのは餅本来の美味しさを追求した証」であることをあえて伝え、つきたての餅に包まれたこしあん、挽きたての香ばしいきな粉などシズル感が伝わる表現で、お客様に現地に行くからこそ味わえる美味しさを伝え、風土を体感しながら味わう価値を訴求することにしました。

錦絵作家のイラストを活用したコーポレートサイトで歴史の物語を効果的に伝える

二軒茶屋餅角屋本店の「魅せる」顧客接点について、まずはコーポレートサイトを制作することにしました。コーポレートサイトをつくりながら、さらにコンセプトを磨き上げることができ、その過程で確立したブランドらしい世界観をほかの顧客接点ツールに反映することができると考えたからです。コーポレートサイトの設計としては、「生

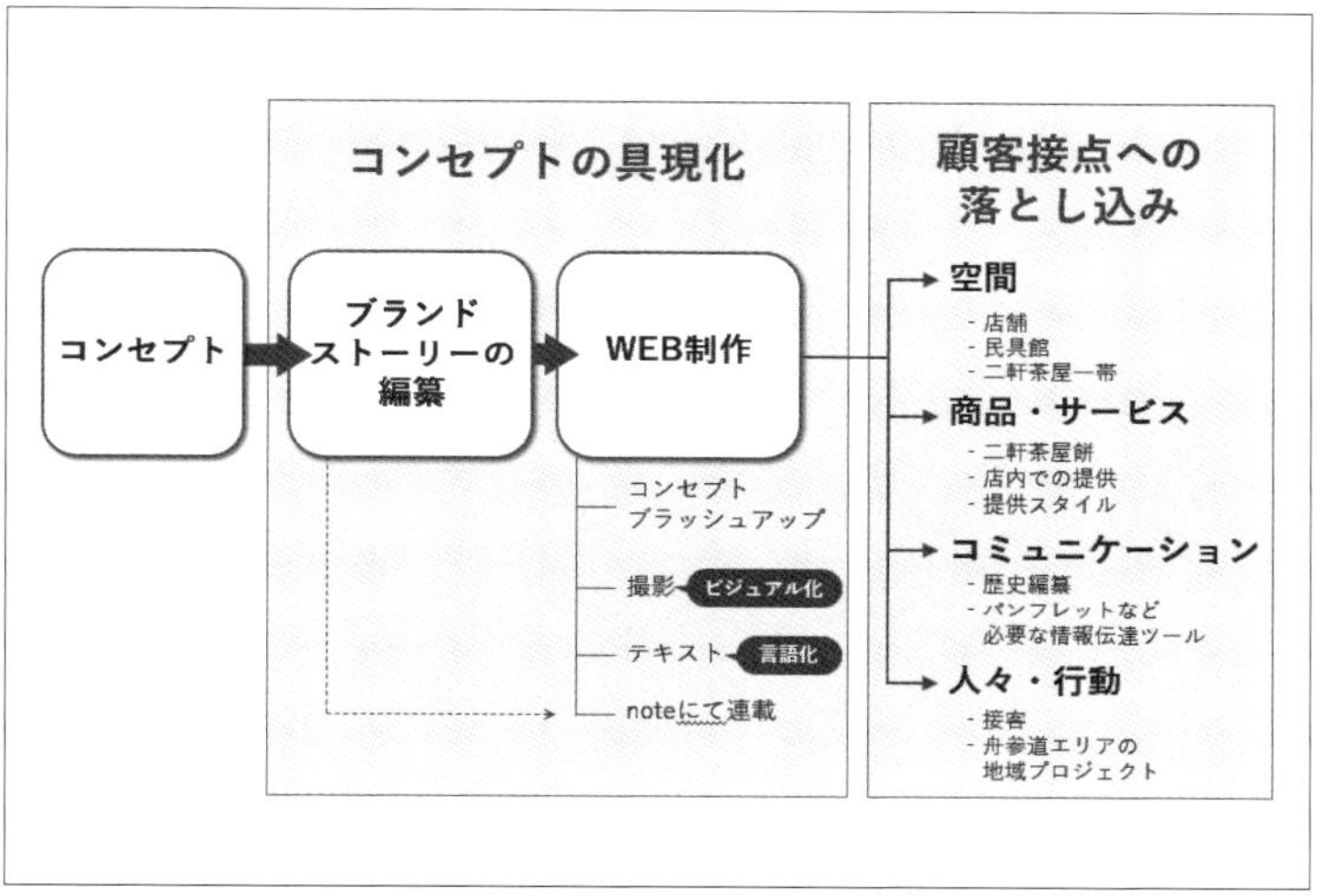

「調べる」「磨く」の次のステップである「魅せる」の進め方についての説明資料。コーポレートサイトをつくることでブランドストーリーを視覚化しコンセプトをさらに磨き上げて、ほかの顧客接点につなげていく流れを構築

餅を通して、ここにしかない土地の記憶、風土の物語を体感・体験する」というコンセプトに基づき、同店の価値がより多くのお客様にとって魅力的に伝わるコンテンツを考案し制作しました。また、ウィキペディアやGoogleビジネスプロフィール、食べログ、有力な観光サイトなど、外部とのリンクも整えることで導線を確保し、サイトの集客を強化することにしました。

　具体的にはトップ画面のキービジュアルの写真に、外観写真や商品写真だけでなく、伊勢湾の写真も加えました。一見、二軒茶屋餅角屋本

錦絵作家によるイラストを採用

店とは関係ないように思える海の写真が、「もう一つの伊勢」の歴史を知ると大きな意味を持つようになるという仕掛けです。

noteやFacebookなどの無料サービスを活用しながら情報を発信しているのも特徴です。これは制作コストを抑えるだけでなく、サイトのメイン画面に掲載する情報量を適正にするためです。歴史などの情報は相当な量になりますが、サイトに情報を載せ過ぎると「字ばかりで読みたくない」と思われてしまいます。そこで、メイン画面に掲載する情報は極力コンパクトにし、さらに詳しく知りたいという人はnoteに記載したレポートやFacebookの情報を見てもらうようにしました。

noteを活用したレポートは全部で2万字程度あり、けっこうな文章量のため読むのにも時間がかかりますが、だからこそ「より深く知りたい」という知的好奇心をかき立てるコンテンツになっています。サイトの下層部分には「写真で巡る二軒茶屋・舟参宮の旅」というギャラリーを設け、興味のある人に見てもらうようにしたのも同様の狙いです。

そしてさらに大きなポイントになっているのが、錦絵作家によるかつての伊勢をイメージしたイラストを採用したことです。最も活気のあった江戸時代の頃の様子は思い浮かべることしかできませんが、イラストであればそのイメージを視覚化できます。特に今回のブランドコンセプトでは、当時の様子を視覚化するとより大きな効果を発揮すると考えて採用したのです。社長から「うちはあくまでも庶民に愛されてきた店。老舗の重厚感ではなく親しみやすさを伝えたい」という要望もあったことで、往来している人たちが生き生きとしていてあたたかみを感じるイラストが出来上がりました。

若い層を中心に来店客数が増加し、スタッフの意識もポジティブに

こうしてコーポレートサイトをオープンした一週間後、たまたま全国放送の大晦日特

別番組で二軒茶屋餅が取り上げられ、ウィキペディアや食べログ、観光サイト、SNSを経由して全国から1万を超えるアクセスがありました。これに伴って、年明けにはたくさんの方々の来店があったそうで、喜びのご報告をいただきました。

私たちが想定していたターゲットは40～50代の旅好き、歴史好きの知的好奇心が旺盛な人たちだったのですが、いちばん増えたのは若い世代のお客様たちでした。店のスタッフが何を見て来店したのかを聞くと、その多くが「ウェブサイトを見て」と答えたそうです。

同時にイートインの利用が確実に増えてきていたことから、コーポレートサイトを通じて「ここに来て生餅の美味しさを味わってほしい、土地の記憶・風土の物語を体感してほしい」という思いが伝わっているという手応えも感じたそうです。

今回のルーツ・ブランディングによって、スタッフの意識にも変化がありました。「私たちも二軒茶屋餅の魅力を伝える大切な役割を果たしている」という意識が高まったことで、「もっと美味しいお茶を出してお客様にくつろいでもらいたい」などというポジティブな意見が多くなり、社長からは「何をお客様に伝えていくべきか。何を誇りにしていくべきか。頭の中が整理され、次の世代に伝えていくべき物語が明確になりました」との言葉をいただきました。

このように経営者やスタッフが改めて自信を深め、誇りを自覚し、未来を見据えることができるのもルーツ・ブランディングの大きなメリットです。

歴史はブランディングにおいて重要な無形資産

地域の特色や企業の強みを深掘りするルーツ・ブランディングにおいて、重要な要素の一つが歴史です。地域や企業のこれまでの歩みが価値になり、そこから出てきたものたちがブランドの核になるのです。

歴史は企業にとって唯一無二の価値をつくる経営資源です。お客様だけでなく社員にも「この企業はこんな歴史のなかで、長年愛されてきた」という物語を伝えることで、伝統を持つことの奥深さや力強さを感じてもらうことができます。それによって「歴史と伝統に裏打ちされた魅力的なブランドである」というイメージが増し、魅力や誇りにつながるのです。

二軒茶屋餅角屋本店の女将·鈴木千賀専務（左）と打ち合わせする当社スタッフ（右）。現地に赴き、対面で語り合うことで、企業に受け継がれてきた歴史や風土、世界観をとらえる

加えて、歴史にはロマンがあります。先人たちが紡いできた歴史に人々は畏敬の念を抱き、郷愁を覚えます。つまり、人々の心に響きやすいという特徴があるのです。知識欲も満たされ、有意義な体験をすることにより価値が一層高まります。

しかし、多くの企業は創業50年、100年……といった長さは伝えているものの、長い年月のなかでどんな物語があったのかをうまく伝えられていません。おそらく、肝心の本人たちが自分たちの歴史にどれだけの価値があるのか自信を持てていないのだと思います。自社の歴史には特別なエピソードもないので、わざわざ伝える必要はないと、はなから決めつけてしまっているケースもありますが、よくよく話を聞くと、味を守り続ける努力や時代の変化に対応する創意工夫の裏にはさまざまなドラマがあり、伝えるべき物語が眠っている場合が多いのです。

また、この伝えるべき物語は自分たち、すなわち自店や自社の歴史だけとは限りません。地域とともに歴史を積み重ねてきた店や企業の物語は、そのまちの歴史ともつながりがあります。長く地元で商売を続けてきた自分たちにとっては当たり前のことが、ほかの地域の人にとっては興味深い物語になるのです。地域の歴史や風土と切っても切れない存在である商品を製造販売する企業においては特に注目すべきポイントになります。

事例 2

風土×アートの洗練されたデザインで、高級日本酒をニューヨークに売り込む

◆栃木県 大田原市
菊の里酒造 株式会社

海外に向けても有効なのがルーツ・ブランディング

人口減少や高齢化による需要減少、国内市場の縮小は地方の中小メーカーにとっても切実な課題であり、事業を未来へ継承するためにも新たなビジネスの創出が求められています。一方、世界の人口は増加の一途をたどっており、それに伴い世界の農産物・食品市場は拡大を続けています。日本の食品産業が持続的な発展を図るためには、いかにグローバル市場へ進出していくかも重要になってきました。この戦略を反映して、食品

の海外輸出額は、２０１２年の約４４９７億円から２０２２年に１兆４１４８億円まで拡大し、農林水産省はさらに２０２５年までに2兆円、２０３０年には5兆円まで輸出を拡大するという目標を掲げ、さらなるプロモーションに取り組んでいます。

なかでも日本酒は評価が高く、世界各地で新たなファンを獲得し続けています。２０２２年には輸出先が75カ国にもおよび、輸出総量も３万６０００㎘と過去最高を記録しました。これは15年前の２００７年と比較すると約３倍の成長です。

そして、この海外戦略においてもルーツ・ブランディングは有効な手段といえます。例えば、ワインの個性を語る際にはテロワールという言葉が使われます。「テロワール」（「土地」を意味するフランス語「terre」が語源とされる）は、ワインの魅力を伝えるのに不可欠な概念です。このように、どんな土地で育まれてきたのかを重視してきた海外の市場において、地域の特色を深掘りするルーツ・ブランディングは非常に相性が良いといえます。また、欧米などは日本以上に、「伝統」がより大きな価値になるといわれ、長年の伝統を守り続けている中小メーカーはリスペクトされています。特に老舗の酒蔵などは、ルーツ・ブランディングによって深掘りした伝統を企業の強みとして海外でアピールすることができます。

ただし、海外向けのルーツ・ブランディングは、国内向けとは勝手が異なる面があります。日本人が良いと思うものを、海外の人も同じように良いと思うとは限りません。アメリカ、ヨーロッパ、アジアなどの違いでも好まれるものが変わります。こうした点を踏まえてブランディングを進めることが、大事なポイントになります。

業績回復や海外進出を成し遂げ、渾身の高級日本酒でさらに未来を切り拓く

日本各地には長い歴史を誇る酒蔵がありますが、菊の里酒造もその一つです。栃木県の那須・大田原の地に菊の里酒造が誕生したのは慶応2年（1866年）で、現在の蔵元杜氏である阿久津《あくつ》信《まこと》社長は8代目になります。阿久津社長は厳しい経営状況のなかで後を継ぎますが、2004年に開発した新銘柄の「大那《だいな》」で業績回復を成し遂げます。「大那」は雑誌の「ｄａｎｃｙｕ」で紹介されたのをきっかけに知名度を上げ、当時の日本酒ブームも追い風にして売上を伸ばしました。それに伴って酒づくりの設備を一層整え、品質や安定性を向上させて、2010年には蔵として初めて全国新酒鑑評会の金

賞も受賞します。その後はアジアを皮切りに欧州、北米といった海外にも出荷し、世界的な人気漫画や著名人とのコラボレーションでも注目を集める酒蔵に成長しました。「大那」という名前には、「大いなる那須の大地のようなスケールの大きい蔵にしたい」との思いがこめられていますが、その名にふさわしい躍進を見せてきたのです。

現在、「大那」は純米吟醸、純米大吟醸、特別純米などの種類があり、一升（1800㎖）で3000〜4000円台、720㎖で1600〜1800円前後が中心です。日常のお酒としても楽しめ、なおかつ品質が高いという評価を得て人気を博しています。

そんな「大那」を主力銘柄にしてきた菊の里酒造が、文字どおり新たな挑戦として開発したのが、精米歩合17％のプレミアム純米大吟醸酒「新たな」です。

日本酒ファンの人であればご存じのように、日本酒に表示される精米歩合は、玄米を削り、残った米の割合を％で示した数字です。精米歩合60％の日本酒は、玄米を40％削った米を使用しています。そして、精米歩合50％以下になると大吟醸酒と呼ばれ、高い醸造技術の証として多くの品評会に出品されます。精米歩合17％はそれを大幅に上回る数字になります。

酒づくりでは米を削ることを「磨く」と表現し、磨けば磨くほど（精米歩合の数値が低

菊の里酒造が 2023 年秋に発売した海外向けのプレミアム純米大吟醸酒「新たな」

ければ低いほど）雑味が少なく、華やかで香り高い日本酒になるといわれますが、その最高レベルを目指したといえるのが17％という数字です。日本酒の品質は決して精米歩合だけで決まるわけではありませんが、この酒蔵の技術をいかんなく発揮して完成させた最高峰の純米大吟醸酒が「新たな」なのです。

　菊の里酒造の日本酒としては従来よりも高級で、販売価格は７２０㎖で１本３万円です。限定１０００本を国内50％・海外50％で販売していく方針を立てました。国内販売もインバウンド客をメイン層に想定し、輸出・国内ともに海外のお客様をターゲットにしたのが「新たな」です。海外の展開先として、「大那」を出荷してきた実績もあるアメリカのなかでも特に富裕層が多く、高級な日本酒の需要が高いニューヨークとロサンゼルスを目指すことになりました。

現地をよく知るマーケターにアメリカの市場調査を依頼

「新たな」のブランディングでは、社長や社員の方に話を聞き、菊の里酒造の歴史や特徴を知ることから始めました。歴史博物館や郷土資料館にも足を運び、大田原市を含む那須地域に関する知識も深め、地域の特色や企業の強みを整理していきました。

「水は国力」という話がありますが、日本酒をつくるには出来上がる量の数倍の水が必要になります。そもそも原料である稲は水田で育ちます。私たち日本人は当たり前すぎて忘れてしまいがちですが、こんなにも水に恵まれている国は日本のほかになかなかありません。しかも同じ日本でも地形や地質によって水質や味が異なり、たくさんの名水が存在します。水が違えば日本酒の味も変わってくるため、日本酒を語るうえで水はルー

菊の里酒造の日本酒は那須・大田原の良質な水や米でつくられている

ツの一つになります。

この「調べる」の段階ではっきりと見えてきたのが、大田原の風土の特異性です。栃木県の北東部、那須連山の麓に広がる大田原市を含む一帯は、広大な複合扇状地です。複合扇状地としては国内最大といわれています。那須連山に降った雪が解け、大地に染み込み、約50年かけて扇状地で濾過《ろか》されるという豊富な伏流水が、良質な酒づくりに大きく寄与しているのです。同時に、大田原の気候や風土が米栽培に理想的であることも、菊の里酒造の大切なパートナーである米農家の五月女文哉《そうとめぶんや》氏に話を聞いてよく分かりました。風土の特異性とそれを強みにした酒づくりが、ブランディングの核になることが明確になったのです。

市場調査の「調べる」については、アメリカのマーケティング会社に勤務し現地をよく知るカナダ国籍のマーケターに依頼し、アメリカの日本酒マーケット全体の動向や、高級な日本酒のニーズなどの情報を得ました。同時に、ニューヨークとロサンゼルスでミシュランの星を獲得した日本食レストランをリストアップし、「新たな」の取引先として有力なハイクラスの日本食レストランが、どんな日本酒を品ぞろえしているのかを調査したのです。約５００銘柄の価格やラベルのデザインを比較しながら、その傾向や

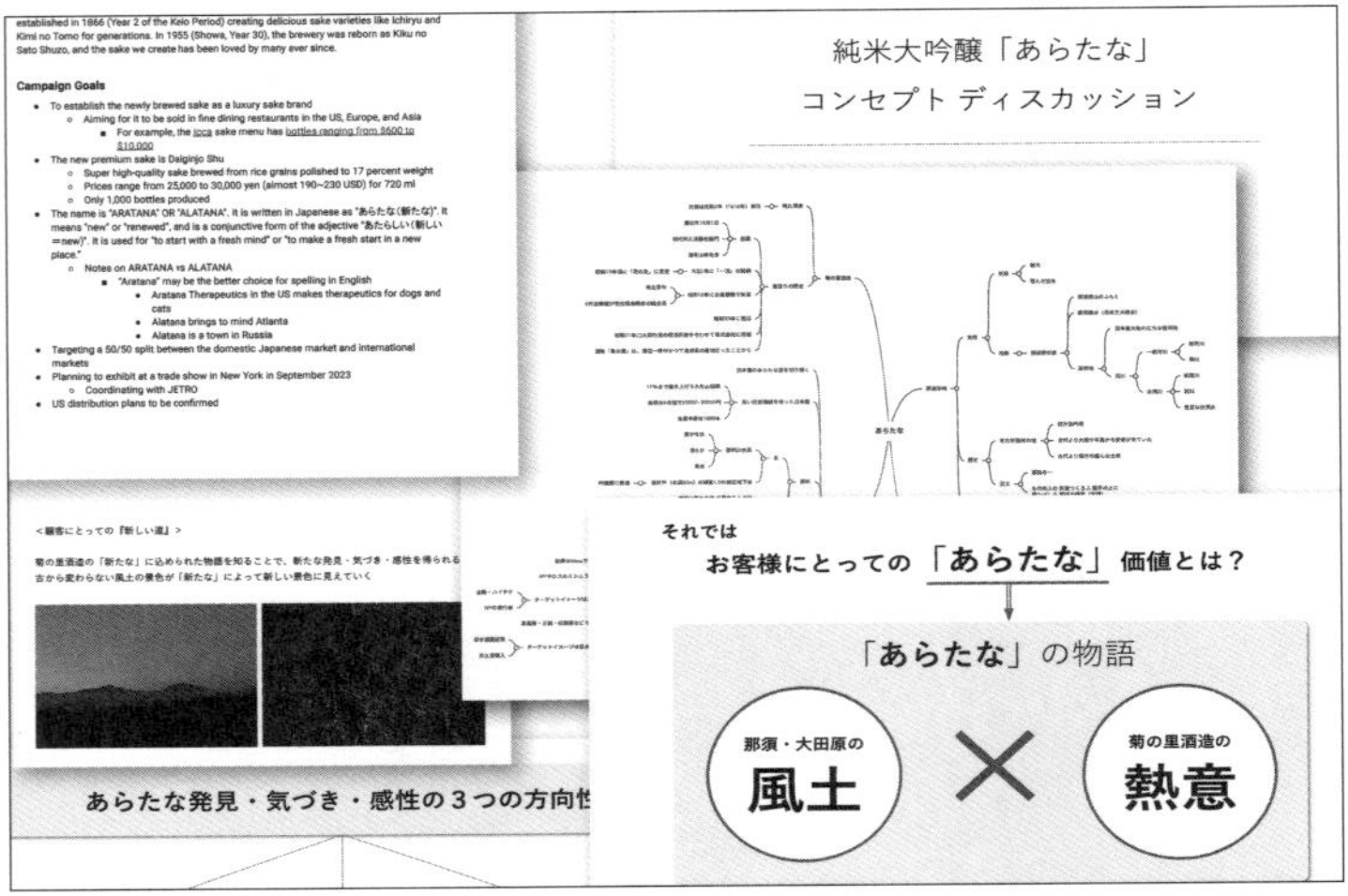

コンセプトメイキングでは商品名に据えた「あらたな」の言葉の意味を深掘りした

差別化のポイントを探りました。

こうした「調べる」の調査を経て「磨く」のコンセプトメイクのステップでまず出てきたのが「日本酒の新たな道を切り拓く」というコンセプトです。

当初から決まっていた「あらたな」という商品名からも、菊の里酒造にとって、この商品が『酒蔵として』新たな道を切り拓く」という価値があることは明確でした。

しかしお客様にとっての価値はどうでしょうか。購入されるお客様に「あらたな」という言葉がどう響き、どう受け取られるのか、改めて私たちは深掘りすることにしました。

「あらたな」という言葉はさまざまなイメージを呼び起こします。「斬新」というイメージも検討しましたが、精米歩合17％というスペックに基づく斬新さを強調すると、数値の競い合いのように感じられる恐れがあります。それよりも、那須・大田原の風土が持つ清々しさに触れて、「心を新たにする」というイメージを表現するほうが、この日本酒の本質を伝えるのにふさわしいと考えました。

「那須・大田原の風土」×「菊の里酒造の熱意」によって誕生したスペシャルな日本酒との出会いがもたらす「新たな発見、気づき、感性」。それをお客様にとっての価値とし、導き出したコピーが「呼び覚ます、新たな感性」です。

この「磨く」の段階で、マーケターとともにニューヨークやロサンゼルスのターゲットとなる顧客像も明確にしていきました。高級な日本酒である「新たな」の顧客像は、ビジネスで財を成し、グルメやファッションに対して高い感性を持つ成功者です。彼らに「魅せる」ためには、アートの要素を取り入れることが必要だというのがチームの結論でした。

上：那須・大田原から見える那須連山を撮影した写真
下：この写真を観音開きのふたの裏一面に採用

ブランドコンセプトとアート性を融合させたラベルやパッケージ

商品のラベルやパッケージに求められるアート性は、芸術家が自身の感性を思いのままに発揮するような作品とは異なります。商品のラベルやパッケージの制作を担当するデザイナーが、自身の感性もフルに活かしてよりよいものをつくりあげていくのは確かですが、あくまで目的は、「新たな」が持つ唯一無二の価値を「魅せる」ことです。

まず「新たな」のブランドカラーは、澄んだ空気に包まれた那須・大田原の自然や伏流水のイメージにぴったりの色で、「Japan Blue（ジャパンブルー）」とも合致する「青」に決まりましたが、「青は藍より出でて藍より青し」ということわざも決め手になりました。「青色の染料は藍を原料にするが、原料の藍より青い」が転じて「教えられた人（弟子など）が教えた人（師匠など）より優れること」を意味することわざで、伝統を大切に受け継ぎながら進化してきた菊の里酒造に通じるものがあり、今後も現状に満足することなく挑戦し続けるという思いをブランドカラーの青色に込めたのです。

デザイナーが「新たな」のパッケージに採用したのが、那須・大田原の山を撮影した写真です。空や山の色が神々しさを感じさせる青色で、那須・大田原の風土を「静謐《せいひつ》の美」ともいえる神秘的な美しさで表現しています。この写真は海外の人にとってまるで日本のミステリアスな文化に触れるようなアート性があり、ターゲットに設定した感度の高い人たちに強くアピールできると考えました。これらの理由から、この山の写真を「新たな」のパッケージの全面に大胆に配し、見る者を一気に「新たな」の世界観へと引き込むようにしたのです。

高評価を得た海外に迎合しないデザイン

このパッケージと連動する形で、ボトルのラベルにも大田原の風景をビジュアル化しました。那須の山々、立ち込める霧、水の流れなどを日本画家に依頼して藍染の色調で描いた、水墨画を思わせるジャパニーズアートです。そして、高級感の演出については、精米歩合17%に通じる「磨き上げる」「削ぎ落とす」というキーワードを意識したデザインがポイントになっています。

例えば、要素を削ぎ落とし、あえて多めに設けた白地の部分で、日本ならではの

藍染の水墨画風の絵と筆文字が印象的なラベル

「間《ま》」を表現しています。その凛とした印象が、ワインなどのラベルとの違いを感じさせ、日本酒ならではの高級感を演出しています。さらに、ラベルや箱のデザイン、営業ツールやウェブサイトのキービジュアルには、那須出身の武将で「扇の的」で知られる弓の名手、那須与一《なすのよいち》から発想した一筋の線をモチーフとして取り入れ、「那須からニューヨーカーのハートを射抜く」という社長の海外展開への心意気を表現しました。

また、当初は「あらたな」としか決まっていなかった名前を最終的に「新たな」に決めました。漢字だけではなく、平仮名が入ることで日本特有のものになり、日本らしさを伝えやすいと考えたからです。この「新たな」の筆文字は、「大那」の筆文字を担当した栃木の書家に依頼することにしました。同じ書家に書いてもらうことで、蔵のブランドイメージが一貫します。書家に依頼する際も、デザイナーがコンセプトや筆文字の書体の案などを詳細に伝えていきました。

こうしてブランドコンセプトをもとに、デザイナーがカメラマン、書家、日本画家の力を集結させ、完成させたラベルやパッケージが、実際に海外の人たちから高評価を得ることにつながったのです。

海外向けの商品だからといって、あえて海外に迎合していないことも評価を得た一因

「新たな」の英語版の営業ツール（表紙）

でしょう。海外の人がイメージする日本をより分かりやすく表現する方法もありますが、それをやり過ぎるとありきたりになってしまい、独自の価値を損なってしまいます。他国の商品と差別化するためにも日本らしさを意識し、強みにすることは大切ですが、それによって自分たちの価値が伝わりづらくなってしまったのでは本末転倒です。日本らしさと菊の里酒造らしさ、このバランスを見極めるのが重要です。

解説文などは英語版ならではの注意点に留意

ラベルやパッケージで表現した「風土×アート」と同様のイメージで、商品紹介のウェブサイトや展示会で流すムービーも日本語版と英語版を作成しましたが、海外のお客様に伝えるべき情報には留意しなければいけません。日本語をそのまま翻訳せず、前提となる知識や文化を考慮して、多少文章が長くなっても背景にある情報をしっかり伝えます。「新たな」という言葉の意味も、英語版ではより丁寧に解説しました。日本語が分かれば「新たな」という言葉からいろんなイメージが湧きますが、分からなければ意味も思いも伝わりません。「Awaken Your Senses」(呼び覚ます、新たな感性)という見出しとともに解説し、この言葉に込められた思いを伝えました。

そして最終版はマーケターにネイティブチェックを依頼し、英語を母国語にするお客様にとって自然で美しく感じる英語表現にこだわりました。スペルチェックはもちろん、半角空きなどの英語表記の正しさに関わる細部についても手を抜きませんでした。「新たな」の英語表記も「ARATANA」と「ALATANA」の二つがありましたが、アメリカでの印象を踏まえて「ARATANA」のほうが良いと判断しました。日本向けの海外製品で、違和感のある日本語が使われているケースがあることからも分かるように、海外向けの商品ブランディングでは、こうした現地で使われる言語のチェックも非常に大切なのです。

国境を越えて
愛される商品を目指す

現在、この「新たな」はニューヨーク、パリ、香港など世界5カ国との商談がまとまり、取引をしています。日本国内でもインバウンド客のお土産需要を見込み、百貨店や有名酒販店で取り扱われています。ある免税店のバイヤーが、ラベルや箱のデザイン性、英語表示、機能性など海外のお客様にアピールするための要素を押さえているかのチェック項目を確認したところ、すべてクリアしていました。

海外進出を目指す場合でも、この価値をどうお客様にとっての価値につなげて、長く愛着を持ってもらうかという意識は同じです。ただ、海外のお客様が求める価値につなげていくためには、日本人の固定観念にとらわれず、現地の状況をリサーチして、愛されるモノづくりを目指すべきです。組織を越えて、国籍を越えて、菊の里酒造の思いを形にするクリエイティブチームをつくり、同じ使命と情熱を持ち、一つの目標に向かってつながることで、表現にもイノベーションを起こすことができることが実感できた事例でした。

事例3

原点回帰で見いだした強みを新ブランドの軸にし、企業のＤＮＡを未来につなげる

◆福岡県 福岡市
株式会社 如水庵

お客様が求めるものはオンリーワンの物語

時代の変化に合わせて会社を成長させていくには、新たな一手を打ち出していかなければなりません。「これまでとは違う発想で、時代に合った商品を考えたい」、コロナ禍が始まった頃、多くのクライアントとこんな話をしました。今までと同じことをしていてはいけない、これからの時代を見据えた新商品、新ブランド、新業態などに挑戦することで新しい風を吹かせて、現状を突破する原動力にしたいと考えるのは当然です。

しかし、トレンドに乗った新商品を開発しても、大抵は競合他社も似たようなことを考えているものです。せっかく開発した商品が、単なる流行りモノの一つと見なされては長続きしません。商品の品質だけでは比較しにくくなっている今、お客様が「なぜこの新商品を開発したのか。どんな思いがあるのか」という、商品の背景にあるオンリーワンの物語や価値観に共感することで、購買の動機につながっていくのです。

そのような商品背景を深掘りするためにもルーツ・ブランディングが功を奏します。地域や企業の風土、歴史を丹念に調べて特色や強みを洗い出し、そこに受け継がれるDNAを見つける。そして時代を見据えた新しいコンセプトに昇華させ、未来につながる価値を磨いていく。こうして商品と消費者との絆を築くための価値を「深化」させるのです。

福岡・博多の老舗和菓子メーカーとして知られる如水庵が2021年に立ち上げた新ブランド「おふく大福」の事例がまさにそれを物語っています。2021年といえばコロナ禍の真っただ中で、世界中が不安に覆われていました。しかし如水庵はピンチに真っ向から立ち向かうための一大プロジェクトを決行します。長い歴史のなかで受け継がれてきた如水庵のDNAを昇華させた新ブランドを立ち上げたのです。

このプロジェクトでは、如水庵の社内プロジェクトチームが「調べる」「磨く」のステップを綿密に進め、ロゴやパッケージデザインなど「魅せる」のステップを私たちにご依頼いただきました。私たちは、まず如水庵プロジェクトチームから磨き上げられたブランドコンセプトについてじっくり聞き、深く理解することから始めました。

ピンチのときこそ「原点」に返り、自社のルーツを見つめ直す

如水庵は福岡市を中心に直営23店舗（２０２４年9月現在）を展開する和菓子専門店です。なかでも代表銘菓「筑紫もち」は博多土産として有名で、直営店だけでなく福岡近郊の主要な駅や空港、高速道路のサービスエリアでも多く取り扱われ、福岡を訪れる国内外の旅行客から高い人気を博しています。そのほか、「もなか黒田五十二萬石」「博多よかいも　とっとーと。」「天王光」「姫橘」「荒津の舞」など、福岡・博多の歴史や文化、情緒を大切にした和菓子を数多く製造販売しています。

創業年を示す文献は残念ながら残っていないのですが、現存する木型などによると、

博多のメインストリート、大博通りに面する如水庵 博多駅前本店

江戸期から御供物調達所として多くの神社仏閣に菓子を納め、明治期には天皇陛下の御紋菓調達を拝命するなど、古くから博多で御用菓子の事業を営んでいたことが分かります。

そのような由緒ある老舗の如水庵であっても、2020年2月ごろから始まったコロナ禍によって大打撃を受けました。しかも、現在の代表取締役である森 正俊社長が、父・恍次郎氏から社長職を受け継いだのが2020年4月1日です。その一週間後である4月7日、政府は史上初の「新型コロナウイルス感染症緊急事態宣言」を発令します。就任直後に業績の低迷を余儀なくされ、売上は前年比80％減になり、何億という大幅な赤字を出してしまいました。新社長としてはあ

上：博多駅前本店に展示されている家紋入り菓子木型。現存する最古の木型は1845 年聖福寺「開山 650 年遠忌」のもの
下：「神社佛閣御供物落雁注文證明書」は戦時中に材料の配給の受け入れを証明するための書類

まりに厳しい船出です。

私たちのインタビューに対して社長は「困難ほど燃える」と心強い言葉を与えてくれました。「これは長期戦になる」と覚悟を決めた社長は、この危機を停滞ではなく成長の機会にしようと考え、先の見えない時代だからこそ原点回帰が重要だと、腰を据えて如水庵の歴史を振り返り、自社の価値や強みを洗い出すことから始めました。

老舗企業の歴史を紐解くと、「危機の乗り越え方」に企業の哲学や思想が大きく反映されていることが分かります。如水庵も例外ではなく、明治維新、第二次世界大戦、オイルショックなど数々の危機に直面し、そのたびに歴代の当主たちが死に物狂いで突破口を考え、新しい時代のヒット商品を生みだしてきました。「逆境を限界突破の原動力に変える」という姿勢は、如水庵に受け継がれているDNAのようです。

そこで社長は「これまでやりたいと思っていたことを一気に進める」と、大胆な経営改革プロジェクトの遂行を決断しました。その改革の一つが、博多駅前本店・博多駅マイング2号店の2店舗改装、九州初上陸の商業施設「ららぽーと福岡店」への新規出店、そして新しい店舗づくりの鍵となるブランド「おふく大福」の立ち上げという、総額約1億円のプロジェクトでした。

自社の強みを最大限活かした、新しいブランドづくり

「おふく大福」とは、粒あんを餅皮で包んだシンプルな「元祖おふく大福」と、果物を白あんと餅皮で包んだフルーツ大福で構成される大福ブランドです。定番商品と旬の果物を用いた季節限定商品があり、店頭を訪れるたびに季節の移ろいを感じる楽しさがあります。

フルーツ大福といえば、2020年頃から人気に火がつき、2021年頃には全国的なトレンドになったことで知られるスイーツです。時系列だけ見ると、老舗の和菓子専門店がトレンドの商品ブランドを立ち上げた事例のようにとらえられるかもしれませんが、そのブランド設立の背景には、社長をはじめとした如水庵のプロジェクトチームによる綿密な調査・分析と、自社の強みを最大限に活かすためのブランド構想がありました。

如水庵プロジェクトチームでは、まずコロナ禍のスイーツ市場の動向を調査しました。コロナ禍一年目の2020年、百貨店や大型商業施設の臨時休業・時短営業による影響でスイーツ市場全体が大幅に縮小する一方、まちの菓子店の生ケーキや朝生菓子（製造

したその日に食べる和生菓子）がよく売れていると業界内で話題になっていました。スイーツ市場は主に「ギフト需要」と「自家消費需要」に分かれます。人が直接会う機会が減ったために「ギフト需要」は落ち込みましたが、お客様が自分用に購入するための生菓子など「自家消費需要」が高まっていたのです。

しかし如水庵の商品全体を見ると、圧倒的に「ギフト需要」の割合が高く、「自家消費需要」の割合が低いという構成でした。確かに、昔から如水庵は進物やお土産を主力商品として、お客様に喜ばれてきたのです。その自社の強みが、コロナ禍の外出自粛によって大打撃を受けてしまいました。

さらに「ギフト需要」と「自家消費需要」を縦軸とし、心の満足感を重視する「心理性」とコストパフォーマンスを重視する「経済性」を横軸としたマトリクスで分析します。コロナ禍で話題のトレンドスイーツは「心理性・自家消費需要」に応えるものがほとんどです。できたてのフレッシュな味わい、材料や製法へのこだわり、見映えが良く情緒性もある高付加価値商品が、値段が高くても「自分へのご褒美」「おうち時間のプチ贅沢」としてお客様に購入されていたのです。

如水庵は特別な日の進物やお土産だけではなく、お客様に日々の幸せをお届けする朝

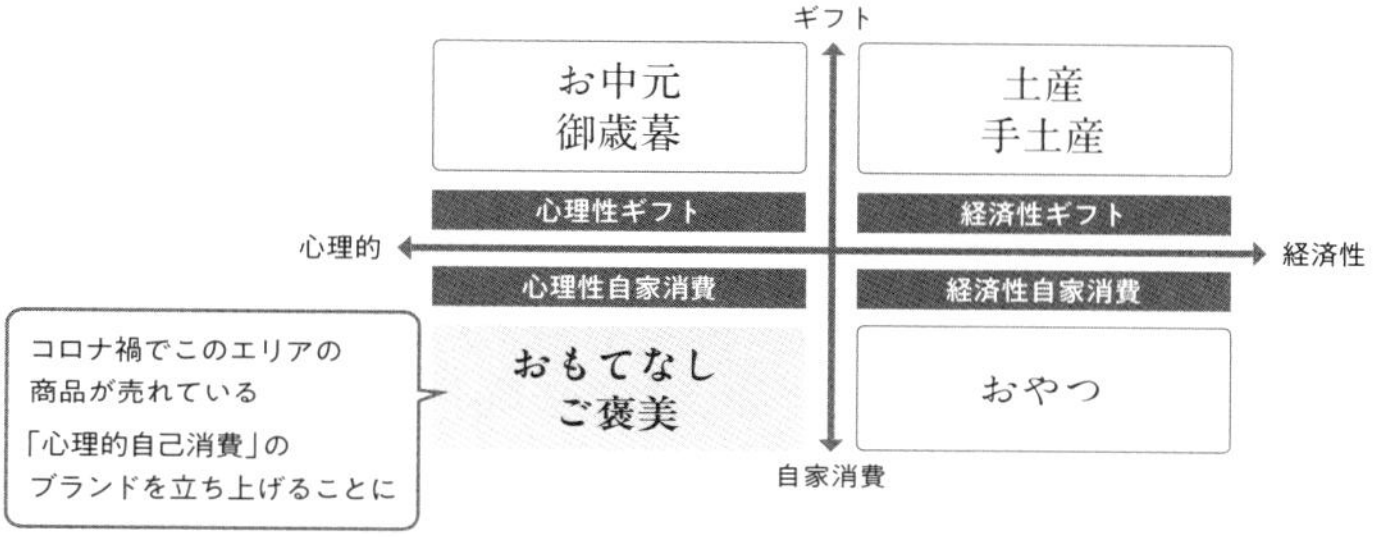

森社長が戦略立案で使用した「購入動機別のマトリクス」

生菓子の高付加価値商品を強化し、既存はもちろん、新規のお客様にも喜ばれる菓子を提供していきたいと考えました。そのための商品ブランドを軸として、新しい３店舗を「心理性・自家消費需要」に応える店舗に転換するという、プロジェクトの意義が定まりました。

新しい朝生菓子ブランドを何にするか考えていた社長には、実はコロナ禍前からフルーツ大福をブランド化する構想があり、フルーツ大福のブーム到来を「きたぞ！」と内心喜んでいました。というのも、如水庵は世間に先駆けてフルーツ大福を開発した歴史があり、長きにわたって製造技術を磨いてきた自負があったからです。

フルーツ大福の誕生は１９８０年代半ば頃、いちご大福から始まったといわれています（発祥の店については諸説あり）。如水庵では１９８６年に、職人たちが試行錯誤を重ね、白あんを使ったいちご大福を開発し大ヒットさせました。その成功に端を発し、こもも、塩トマト、ブドウ、柿など旬の果物を使った季節の大福シリーズを次々と開発。季節の風物詩として博多のお客様に親しまれるようになりました。

如水庵にとって、「高い製菓技術」は長い歴史に受け継がれた企業ＤＮＡであり無形資産です。その如水庵の技術をいかんなく発揮し「如水庵の技術の粋を結集させた、究極の大福をつくる」と決まりました。

商品コンセプトは「餅とあんと果実の黄金比」で、お米の香りと旨味を感じる餅皮、なめらかな自家製白あん、みずみずしいフルーツ、このバランスに徹底的にこだわるというものです。この製法は難易度が高く、熟練の職人が一つずつ手作業で包みます。素材も職人自ら厳選し、筑紫平野のもち米「ヒヨク米」、元祖おふく大福には抜群に美味しい小豆の王様「丹波大納言」、フルーツ大福には自家製のなめらかな白あん、大福に最適な旬のフルーツを調達します。これらの「究極の大福」に最適な材料も、如水庵が生産者や取引先と築いてきた信頼関係の賜物です。フルーツを丸々包み込む感動や体験を大切にし、餅切り糸で切り分けて食べるスタイルを採用することにしました。

「究極の大福」と博多のルーツをつなげるシンボル

如水庵プロジェクトチームでは、その如水庵の大福ブランドのコンセプトを博多の風土とつなげたいと考えました。その結び目になるのが「おもてなしの心」です。

古来博多は国際的な外交・交易都市として栄え、さまざまな国の客人を迎える文化が醸成されてきました。その博多を擁する福岡市は、2013年発表の「福岡 観光・集客戦略2013」のなかで「世界№1のおもてなし都市・福岡」の実現を標榜します。それを受けて如水庵は「その福岡市の中で、さらにおもてなし№1企業を目指す」という経営方針を打ち出しました。

この「おもてなしの心」こそ、如水庵が高い製菓技術とともに誇る企業DNAです。如水庵は店頭に立つ従業員を「CS(コンシェルジュ&セールスパーソン)」と呼び、お客様をおもてなしするプロフェッショナルの育成に全社を挙げて取り組んでいます。

また製造や物流、企画、総務などの支援部門の合言葉は「次工程はお客様」。つまり自分の仕事は常にお客様へのおもてなしにつながっていることを意識しようというものです。

この博多の風土と如水庵をつなぐ「おもてなしの心」を象徴的に表現できないかと考えていた社長は、ふと「おふくさん」の存在に気づきます。「おふくさん」とは、昔々博多の商家の店先に置かれていた博多人形の縁起物であり、お客様を笑顔でお迎えする博多のおもてなしの象徴です。

「ふく」という名前、白くて福々しい顔立ち、お客様を包み込むやさしいほほ笑み、商家を守る縁起物、ごりょんさん（博多の商家の女将さん）らしい品格。社長は如水庵の大福に求めていたコンセプトはこれだとひらめきました。博多の風土、如水庵のDNA、大福らしさ、すべてが「おふくさん」でつながったのです。この「おふくさん」にあやかり、新しい大福ブランドは「おふく大福」と命名されました。

このブランド名であれば、大きなフルーツ大福を餅切り糸で切り分けることを「福を分ける」といって、幸せを周りの人とシェアする喜びも表現できます。そこからブランドコンセプトを「しあわせわける　おふくわけ　おふく大福」に設定し、餅切り糸を「お福分け紐」と名づけ、独自性を出すようにしました。

愛されるブランドづくりのための「人格化」

社長をはじめ如水庵プロジェクトチームが磨き上げた「おふく大福」のブランドコンセプト、博多の風土とのつながり、如水庵の企業DNAを昇華した新しい形、新店舗での展開など、ここまでできれば7割方完成したも同然です。あとは、ブランドイメージを醸成するためのロゴマークやパッケージ、ウェブサイトなど、「魅せる」デザインをつくるだけでした。

しかし「調べる」「磨く」ステップから最後の「魅せる」のステップへの橋渡しが最大の難所です。良いコンセプトができたのにデザインの段階でなかなか進まなくなることがあります。そんなときは、ブランドコンセプトをあと一押しする必要があります。ブランドのイメージを皆で共有できるまで噛み砕くデザインコンセプトのプロセスがきちんとできれば、突破口が見つかることが多いのです。

私たちは、如水庵プロジェクトチームがつくったブランドコンセプトは本当に素晴らしいと思いました。「おふく大福」を通じてたくさんのお客様に喜びと感動を提供した

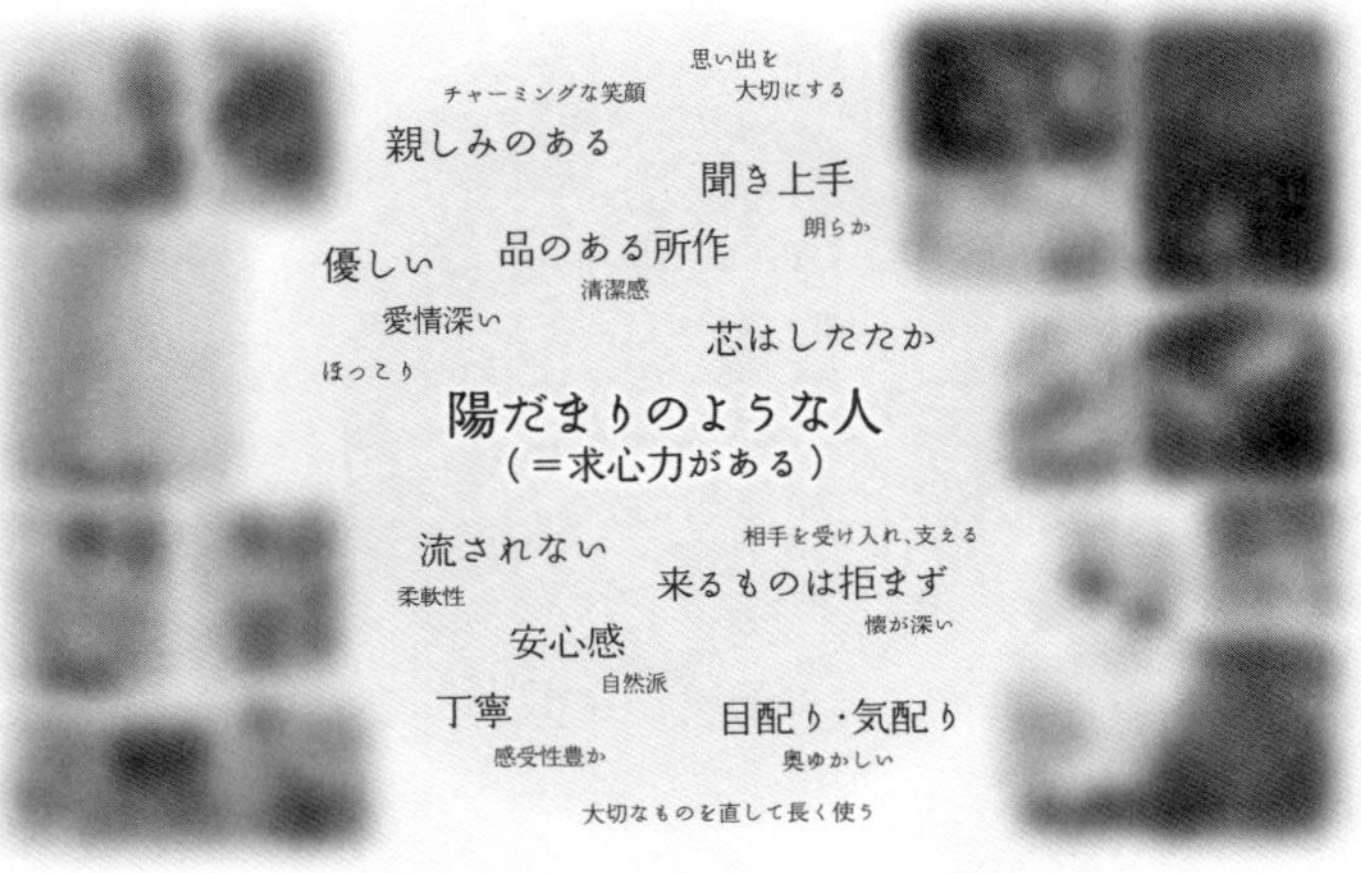

如水庵プロジェクトチームとのディスカッションをもとにまとめた、「おふくさん」の人物像キーワードマップ

いという気持ちも伝わってきました。しかしコンセプトが素晴らしいだけに、「おふく大福」でどのような世界観をつくりたいのか、デザインの方向性をもう少し絞り込む必要があると感じていました。

そこで、私たちは「おふく大福」のモチーフである「おふくさん」の人物像を明確に設定することを提案しました。これは「ブランドの人格化」と呼ばれるもので、「もしブランドが人だったら?」と、ブランドが持つ独自の個性を人間の人格にたとえて表現することを指します。ブランドに人柄が投影されることで、ブランドの個性がお客様の記憶に残って感情移入しやすくなり、ブランドの背景にある物語や価値観に共感と愛着を覚えるようになります。また、表現においても豊かな連想ができ、イメージの幅が広がっていきます。そのうえでデザインや言葉の表現がぶれず、統一した世界観が保てます。

人物像の中心に据えたキーワードは「陽だまりのような人」。陽光で人を包み込んで癒やしていく、あたたかな「おもてなしの心」を持っている人物像にメンバー全員が「きっと、私たちの『おふくさん』はこんな素敵な人だと思う」と賛同しました。ブランドの人格化は、ブランドが運営する側が「こうありたい」という憧れや共感を覚える人物像を確認する過程でもあるのです。

ここまで決まれば、ブランドらしい世界観の解像度が上がり、デザインの方向性が見えてきました。その人物像のキーワードをもとに、いよいよ最初の「魅せる」の顧客接点であるロゴマークの制作に取り掛かりました。

あらゆる形で、ブランドの世界観を伝える

ロゴマークとは、ブランドのらしさを具現化したものです。ロゴマークを見た人がブ

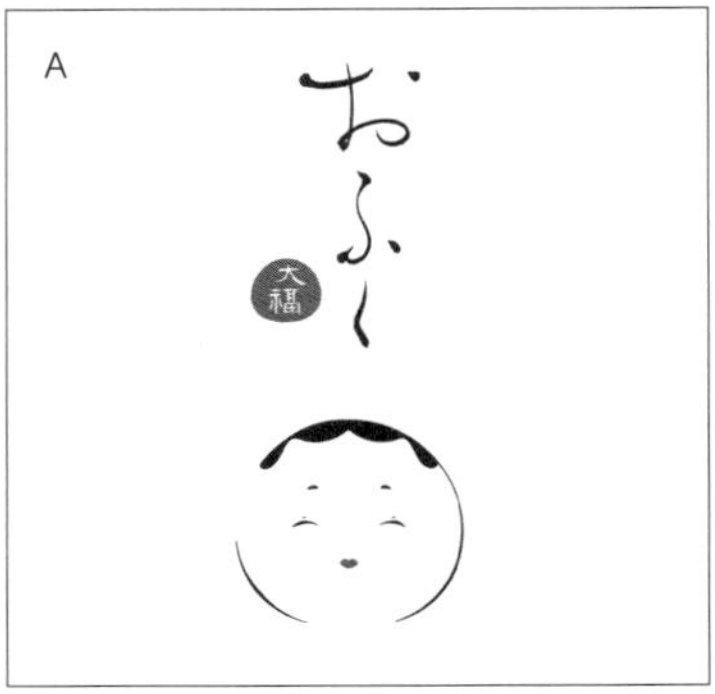

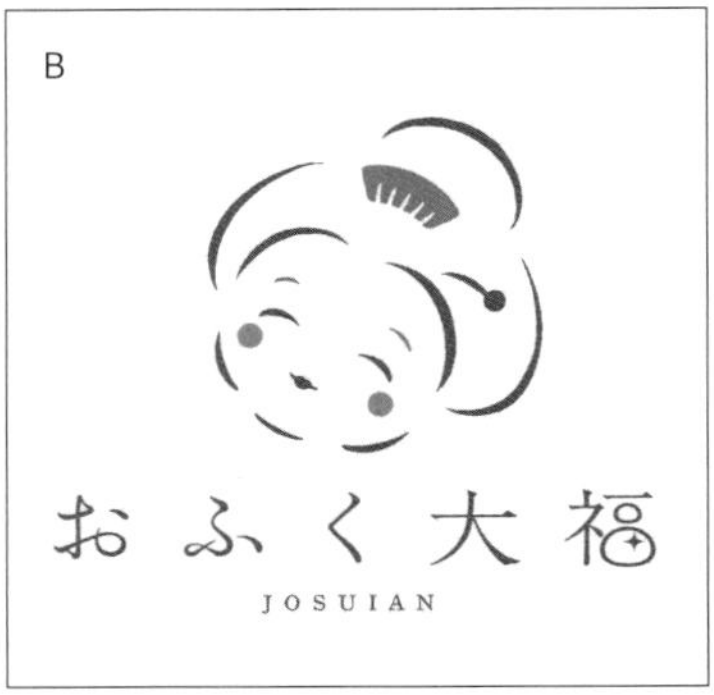

「おふく大福」ロゴマークの初回提案（一部）

ランドを好ましいイメージとともに記憶し、心に共感や愛着を覚える視覚的な核となります。ブランドの象徴として、10年、20年の時を経ても古く感じることなく、時代が変わっても価値を失わない普遍性をもったデザインが求められます。

「おふく大福」のロゴはやはり「おふくさん」がモチーフになりますが、ロゴマークは、単なるグラフィックデザインを超え、ブランドのコンセプトや戦略、ビジョンも落とし込む必要があります。そこを見極めるために、最初ロゴのアイデアとしてさまざまな方向性を考え、幅広くアイデアを提案しました。

ロゴマークで如水庵プロジェクトチームと時間をかけて議論したのは、Aのように抽象的なデザインにするか、Bのように具体的なデザインにするかと

決定

「おふく大福」ロゴマーク決定版

いうことが中心でした。Aは新しさがありますが、如水庵では採用したことのないデザインのテイストで多少の違和感がありました。一方Bのほうは親しみやすさがあるのですが従来と変わらないイメージのため、新しいブランドの新鮮なイメージをつくりにくいと思われました。

そこで、もう一度「おふく大福」ブランドの意義を話し合いました。「おふく大福」は、如水庵が受け継いできた「おもてなしの心」「技術の粋」を昇華して新しい形をつくることに挑戦するプロジェクトです。それならば、表現のうえでも「新しさ」に挑戦し、Aのデザインの方向性を基本としながら、あたたかさや親しみを感じさせる配慮をすることになりました。

そして、「おふくさん」の丸髷《まるまげ》のボリュームを調整して若さと貫禄のバランスを取ったり、やさしさと芯の強さを兼ね備えた印象になるよう顔パーツを配置したりと、毎回「おふくさん」の人となりをイメージしながら微調整を繰り返しました。

最後に悩んだのが「如水庵の」をあえて入れるかどうかということです。議論の末、「如水庵のＤＮＡが新しいブランドに受け継がれていることを示したい」ということで、ロゴに添えることになりました。

ロゴマークの次は、大福を入れる個包装やサービス箱、紙袋、保冷バッグなどの店舗で使う資材のデザインを決定していきました。お客様にブランドらしさを伝えるための最も近いツールである一方、商品を保護しお客様が安全に持ち運ぶための機能が重視されます。また、素材や形状、印刷・加工とコストのバランスを取り、情緒性と機能性のバランスをうまく取ることが重要です。

今回は「心理性・自家消費需要」を考慮し、あまり華美になり過ぎず日常の気軽さがありながら、お客様が少し贅沢な気持ちになり、大切な人へおすそわけしたときにも心遣いとセンスを伝えられるような佇まいを心掛けました。

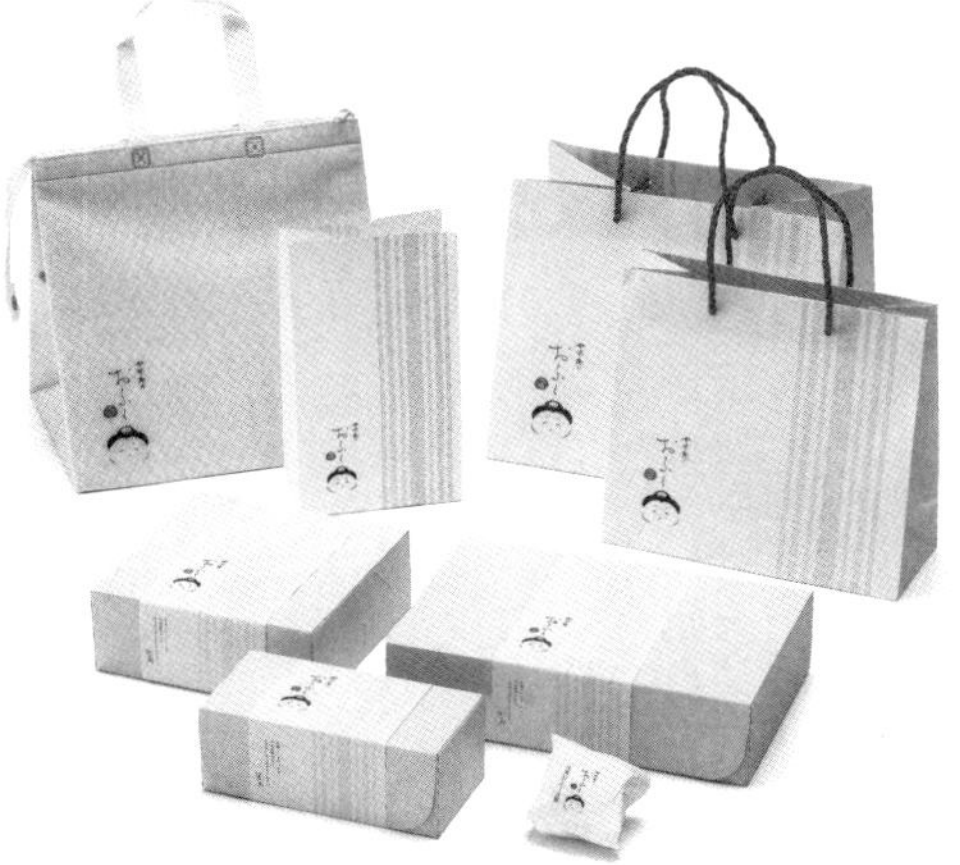

おふく大福の世界観を表現したサービス箱や紙袋、保冷バッグなどの店頭資材

デザインは、やさしい白を基調とした素材を活かしてロゴマークを配置しています。そして福岡の伝統工芸である博多織の織り柄をさりげなく入れました。これも「おふくさんは博多織を着こなすはず」という人物像から出たアイデアです。

完成したロゴマークは、各改装店舗や新店舗のインテリアデザイン・施工を担当する会社にも渡ります。ここまでデザインコンセプトが明確になっていれば、私たちのほかのクリエイターや、多くの関係者が従事しても世界観がぶれません。白を基調としたなかに、「おふく大福」のロゴマークが映える、陽だまりのようなやさしい佇まいのインテリアが設

博多人形の伝統工芸士・松尾吉将氏によって形になった「おふく大福」のおふくさん

計され、店舗の準備も進んでいきました。

また、博多人形の伝統工芸士・松尾吉将氏に協力を仰ぎ、「おふく大福」の「おふくさん」を博多人形にして、新しい店舗の店先に飾ることにもなりました。

そのためには、松尾氏に「おふくさん」のイメージを伝えて人形の創作に反映してもらう必要があります。私たちは「おふくさん」のプロフィールや人柄を具体的にまとめました。そのシートをもとに、社長自ら松尾氏のもとに何度も通って、コロナ禍で一大プロジェクトをスタートした思い、これからの如水庵のビジョン、「おふく大福」のコンセプトを話し、「おふくさん」のイメージをすり合わせてい

おふくさんは、どんな人？

陽だまりのように、あたたかくてやさしい博多・如水庵のごりょんさん。

《おふくさんとは》

- 新ブランド「おふく大福」のシンボル
- 如水庵の「おもてなし精神」の新しいシンボル
  目の前にいる人に精一杯のおもてなしをして、しあわせな気持ちになっていただきたい。

「おふく大福」は、如水庵がこれまで大切にしてきた経営理念を未来につなげるための新しいブランドです。

そのシンボルであるおふくさんは、目の前にいらっしゃるお客様との一期一会を大切にし、しあわせな気持ちにして、「また会いたい」と思っていただけるような真心の接遇を大切にしています。

「世界No.1のおもてなし都市・福岡」の中で、さらにNo.1をめざす如水庵。おふくさんは、CS（如水庵のスタッフ）が「こんな風にお客様をお迎えしたい」と思えるような、「如水庵の真心の接遇」を体現します。

《おふくさんのプロフィール》

- 博多の商家で生まれ育った博多っ子
- 年のころは40をちょっと超えたあたり
- 夫である若旦那さんと共に、老舗和菓子屋を切り盛り
- 時代は（おふくさんの髪型から見て）明治か？世の中の価値観が激変する時代に動じず、しなやかに、ほがらかに、しあわせいっぱいに生きている。
- 博多をこよなく愛し、博多のお客様に感謝し、恩返しをしたいと思っている。

《おふくさんの人柄》

- 陽だまりのようにあたたかく、ホッとする人
- お客様を「よーきんしゃったねぇ」と、にこにこ迎える
- 健康的で、安心感・安定感・信頼感がある、ふくよかさ・豊かさ
- 育ちの良さを感じる品格（透明感、やわらかな物腰、かつ凛とした姿勢）
- やさしく穏やかだが、芯が強い
- 和菓子屋ならではの、さりげない遊び心やおしゃれが得意。
- たくさんの人としあわせを分かち合う。皆から慕われていつもしあわせそう。

博多人形制作のために「おふくさん」の人物像を詳細に記載したプロフィールシート

きました。

そうして出来上がってきた如水庵の「おふくさん」はブランドの人格化を超え、まるで「おふくさん」に生命が宿ったように生き生きとしたブランドの象徴になりました。

「おふく大福」のブランドづくりから学んだこと

2021年7月にまず博多駅前本店のリニューアルオープンで、表通りに面した位置に「おふく大福」ブランドのコーナーを設置しました。職人が大福を手包みする工房を併設して、お客様が職人の技を見られるようにしています。博多駅マイング2号店にて、「おふく大福」ブランドを全面に出してリニューアルし、九州初上陸のショッピングモール「ららぽーと福岡店」では、「おふく大福」ブランドの専門店として出店しました。

緊急事態宣言は2020年4月から2021年9月まで4回発令され、また2023年1月頃まで感染の拡大が度々起こり、人の往来や観光が復活せず如水庵にとっても苦しい日々が続きました。既存店舗が苦戦するなか、「おふく大福」ブランドのある店舗は売上の落ち込みが少なかったそうです。部活帰りの高校生がフルーツ大福を一つ笑顔で買っていくというシーンも見られ、今まで如水庵に来店しなかったお客様にも愛されるようになりました。

２０２４年現在、フルーツ大福ブームは一段落しましたが、「おふく大福」の売上は順調に推移しています。また、人々の往来や観光が戻ってきてギフト需要も回復し、「おふく大福」ブランドと同時に進めていた経営改革プロジェクトも功を奏して、企業全体の付加価値率はコロナ禍前の67％から２０２２年４月には73％まで上昇、営業利益も大幅にアップし、従業員の士気も上がっています。

この「おふく大福」プロジェクトに掛かった期間は約1年間です。如水庵社内で丁寧に行われた「調べる」「磨く」のステップを受けて、私たちは「魅せる」のステップから参加し、オープンまでの5カ月間を如水庵プロジェクトチームとともに駆け抜けました。「新しい商品ブランドをつくる」ということは、「なぜこの新商品を開発したのか。どんな思いがあるのか」という問いを、関わるメンバーが納得し、腹に落とし、心を動かされるまで問い続け、形にしていくことなのだと実感しました。

如水庵のルーツがある博多から強みや特色を見いだし、それを新しいブランドの価値に昇華させていくことの大切さを学んだ事例でした。

事例４

「挑戦の歴史」から見つけた複数存在するルーツを最適化、商品を体系化して販売力を向上

千葉県　いすみ市

◆木戸泉酒造　株式会社

商品開発の歴史は老舗企業の強みになる

長い歴史を誇る老舗企業は、事業の継続、成長のために挑戦を繰り返して今に至ります。長い時間をかけ蓄積された経験値は、新興企業がすぐに真似することができない老舗企業の強みといえます。

ところが、この歴史がコンセプトメイキングを難しくしてしまうケースもあるのです。さまざまな挑戦をしてきた老舗企業は、こだわりやノウハウが多岐にわたるため材料が

あり過ぎて、消費者に最も伝えるべき価値がどれになるのかを見極めにくくなってしまいます。

これらの点で参考になる事例が、千葉県いすみ市にある木戸泉酒造でのブランディングです。

明確な特徴がある一方で、解決すべき課題があった

千葉県いすみ市は、県庁所在地の千葉市から50km以上離れた房総半島の南部に位置します。この地に明治12年（１８７９年）に創業し、１４５年以上の歴史を誇る老舗酒蔵が木戸泉酒造です。現在は５代目で蔵元兼杜氏の荘司勇人社長が、荘司沙織専務とともに蔵の経営を切り盛りしています。木戸泉酒造の大きな特徴は、５年、10年、20年、古いものでは50年以上も熟成を重ねている日本酒を貯蔵していることです。今でこそ熟成させた日本酒は注目されていますが、木戸泉酒造が持つ熟成酒は50年以上、現存する日本酒蔵のなかでも最初期に日本酒の熟成を始めた蔵のひとつです。常温熟成をしてもへ

「高温山廃酛」と呼ぶ独自の手法で、「熟成に耐えられる」日本酒をつくってきた

こたれない木戸泉酒造独自の強い酒を生み出しているのが、「高温山廃酛《こうおんやまはいもと》」と呼ぶ醸造手法です。昭和31年に3代目の荘司勇氏の決断で、すべての醸造を高温山廃酛に切り替えたことがターニングポイントになり、その後の木戸泉酒造の酒づくりを特徴づけることになりました。

当初、私たちが受けたご依頼は熟成酒のブランディングでした。しかし、話を聞き始めると、その前に解決すべき課題が見えてきたのです。

その一つが複雑な商品構成です。熟成酒だけでもいくつかのタイプがあって品ぞろえが非常に多彩なため、「同じ熟成酒でも銘柄名が違うものは何が違うのか」「同じ銘柄名だけど、これとこれはなぜ価格差があるのか」といった疑問が随所に発生し、私たちは全体像をなかなか把握することができませんでした。それは、消費者から見ても商品構成が分かりづらいということにほかなりません。販売先に合わせて商品の名称を変えるなどするケースもあるため、種類ごとの違いが消費者に分かりづらくなってしまうのです。

さらに、木戸泉酒造の商品はラベルのデザインに統一性が感じられませんでした。同じ銘柄であっても、商品によって見た目の印象が異なるラベルが使われている場合があり、ほとんど統一性が感じられないのです。ラベルのデザインは、統一性を持たせることが正解であるとは一概にはいえませんが、あまりに違うとブランドイメージが伝わりづらくなるのは確かであり、木戸泉酒造もまさにその状態だったのです。

社長と専務が木戸泉酒造の未来についてしっかりと考えたいという思いを抱いていたことも理由となり、私たちは酒蔵全体のブランディングをお手伝いすることになりました。

信念が軸であることを歴史から再確認

木戸泉酒造のこだわりやノウハウは多岐にわたります。実際、「調べる」をもとにピッ

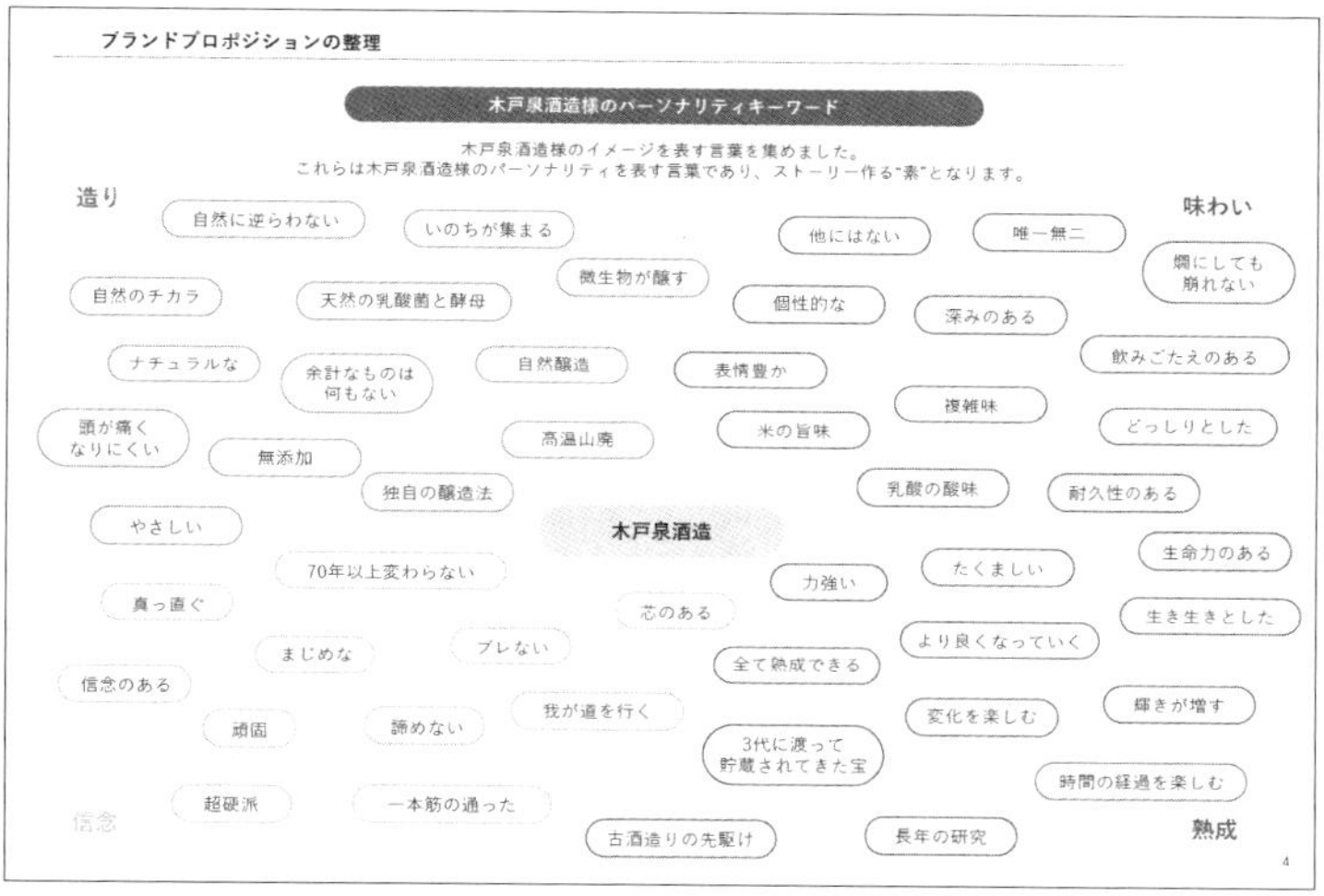

木戸泉酒造の特徴を示すキーワード

クアップするキーワードが、次から次へといくらでも出てきました。そうしたなかで、ブランディングの軸を探すのに特に役立ったのが歴史の年表です。作成した歴史の年表は、「いつ、何をしたのか」だけでなく、「なぜ、そうしたのか」「どんな苦労があったのか」ということもできる限り書き込むようにしました。

それによって浮き彫りになったのが、木戸泉酒造は一貫して「自分たちが本当に良いと信じる酒をつくってきた」という事実です。時代の流れに逆らっても、失敗を重ねても、自分たちが「旨い酒」「良い酒」と信じる日本酒をつくってきました。例えば「高温山廃酛」も、当初

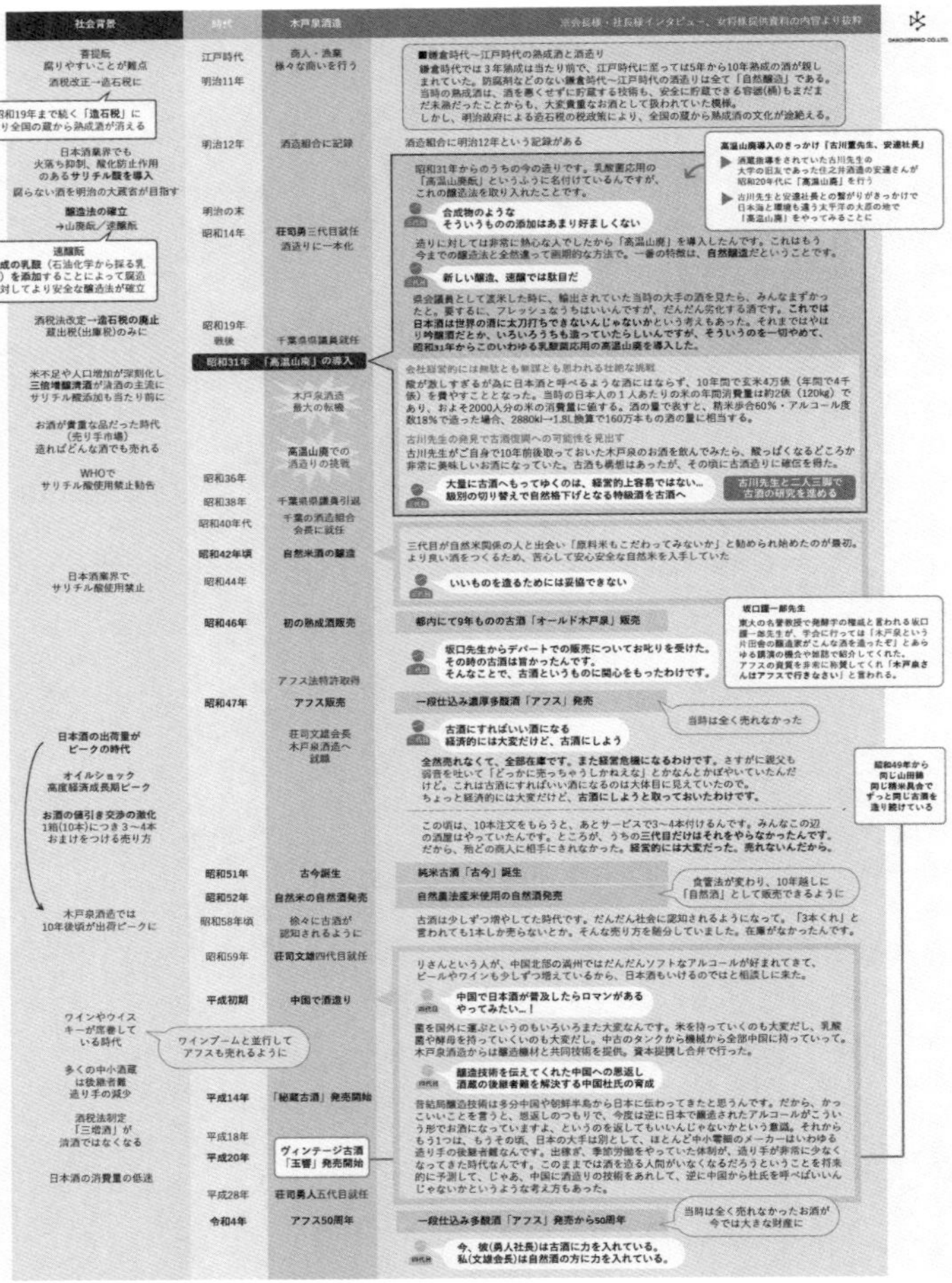

時代背景も記載した木戸泉酒造の歴史年表

は酸が激しすぎるために日本酒と呼べるような酒にならなかったそうです。また、「濃厚多酸酒」の「AFS《アフス》」も、開発した当時は酸味のある日本酒が好まれず、まったく売れなかったといいます。そうした苦難にも負けなかったのは、信念の強さが並大抵のものではなかったからです。

そしてこの信念こそが、木戸泉酒造のブランディングの軸になるものでした。「自分たちが本当に良いと信じる酒をつくってきた」というのは、見方によっては頑固で不器用なやり方ともいえます。本人たちも「このやり方でいいのか」という迷いがなかったわけではありません。しかし、年表をつくって歴史を可視化し、このやり方を貫いてきたからこそ今の木戸泉酒造があると再確認し、その信念こそが、未来につなげていくべき企業のDNAであると確信したのです。取り組みが多岐にわたる挑戦の歴史を、一つひとつ丁寧に紐解くことで見つけた揺るぎない軸でした。

この揺るぎない軸は、木戸泉酒造の商品ブランディングにもしっかりと反映させていきます。昨今は日本酒の楽しみ方が多様化し、日本酒の熟成についても注目度が上がっています。ワインの普及なども影響して、日本酒で「酸」を楽しむ人も増えています。それが木戸泉酒造の熟成酒や「濃厚多酸酒」にとって追い風になっていますが、それも自分たちの信念のもと、ほかに先駆けてつくってきた結果だといえます。木戸泉酒造がつくる酒に時代が追いついてきたのです。変わることのない信念が現代の日本酒ファンをも魅了する酒を生み出してきた物語は、商品価値を高めるブランディングにも大いに活かすべきであることは確かです。

蔵の評価を把握し、新しいラベルの作成に着手

どの中小メーカーも、自社商品が市場でどう評価されているか把握するマーケティング活動は重要ですが、第三者が客観的な視点で評価を調査することも大切な手法です。特にブランドイメージやデザインは、専門知識を持った第三者が俯瞰《ふかん》して調査することで、また別の角度からの強みや価値、そして課題が見えてくるのです。

木戸泉酒造のブランディングにおいても、私たちは木戸泉酒造の酒を取り扱っている3店の酒販店の店主にインタビューを行いました。まず、酒販店の店主たちはそろって木戸泉酒造の酒づくりを高く評価していました。「飲む価値のある良い酒をつくっている」

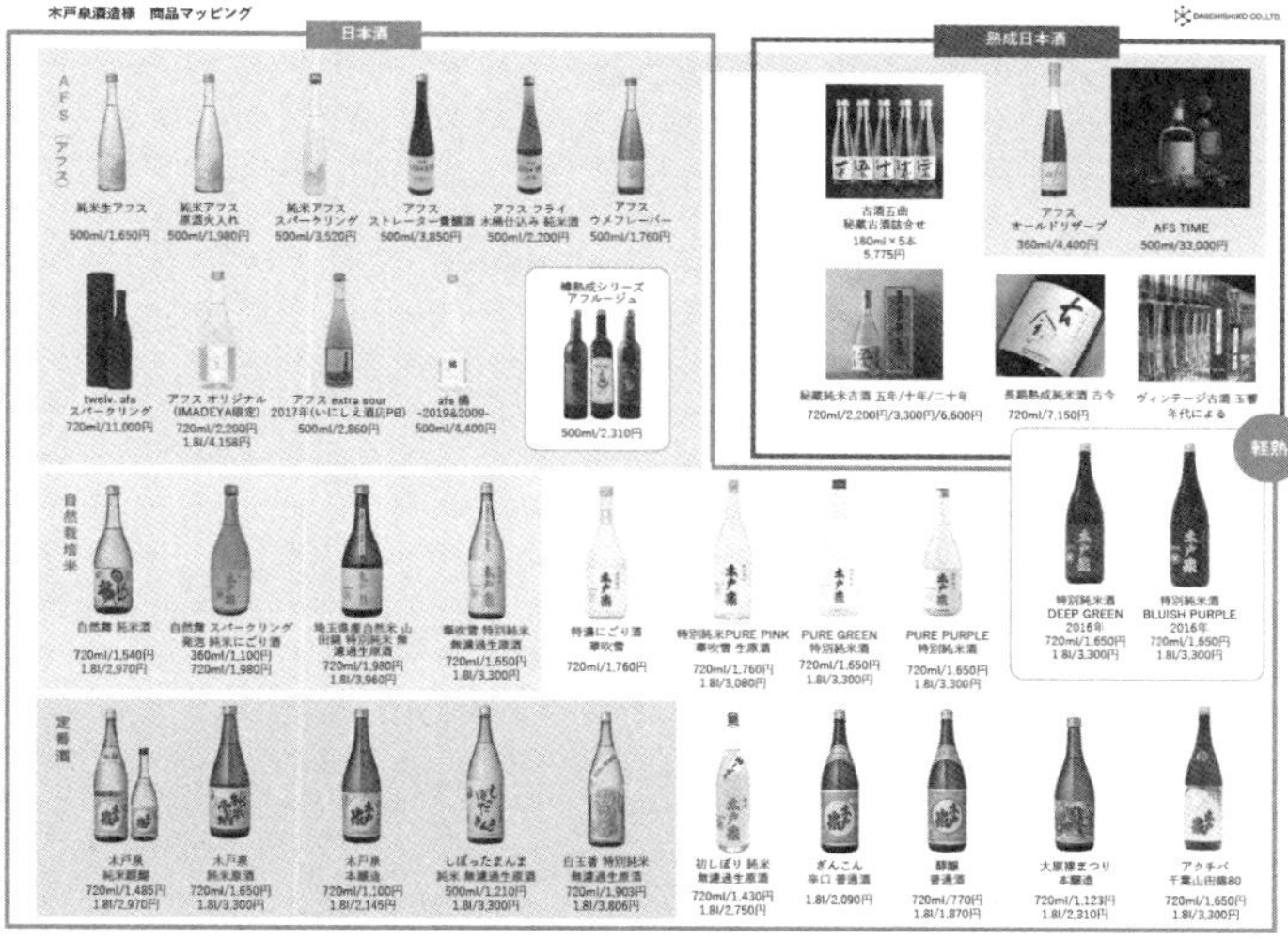

木戸泉酒造の多彩な品ぞろえ

「芯がしっかりしていてブレがない」「くそまじめといえるほど誠実に酒をつくっている」といった評価です。一方で、売りづらさがあることも正直に教えてくれました。「蔵の思いが伝わりきっていない」「商品構成が複雑すぎて自分もお客様にうまく伝えられない」「デザインに統一感がないため、売り場のスペースを広めにとっても認識されにくい」といった意見です。こうした酒販店の声からも、商品構成の複雑さやラベルの統一感のなさが販売面でのネックになっていることが分かったのです。

そこで、木戸泉酒造の全商品を体系

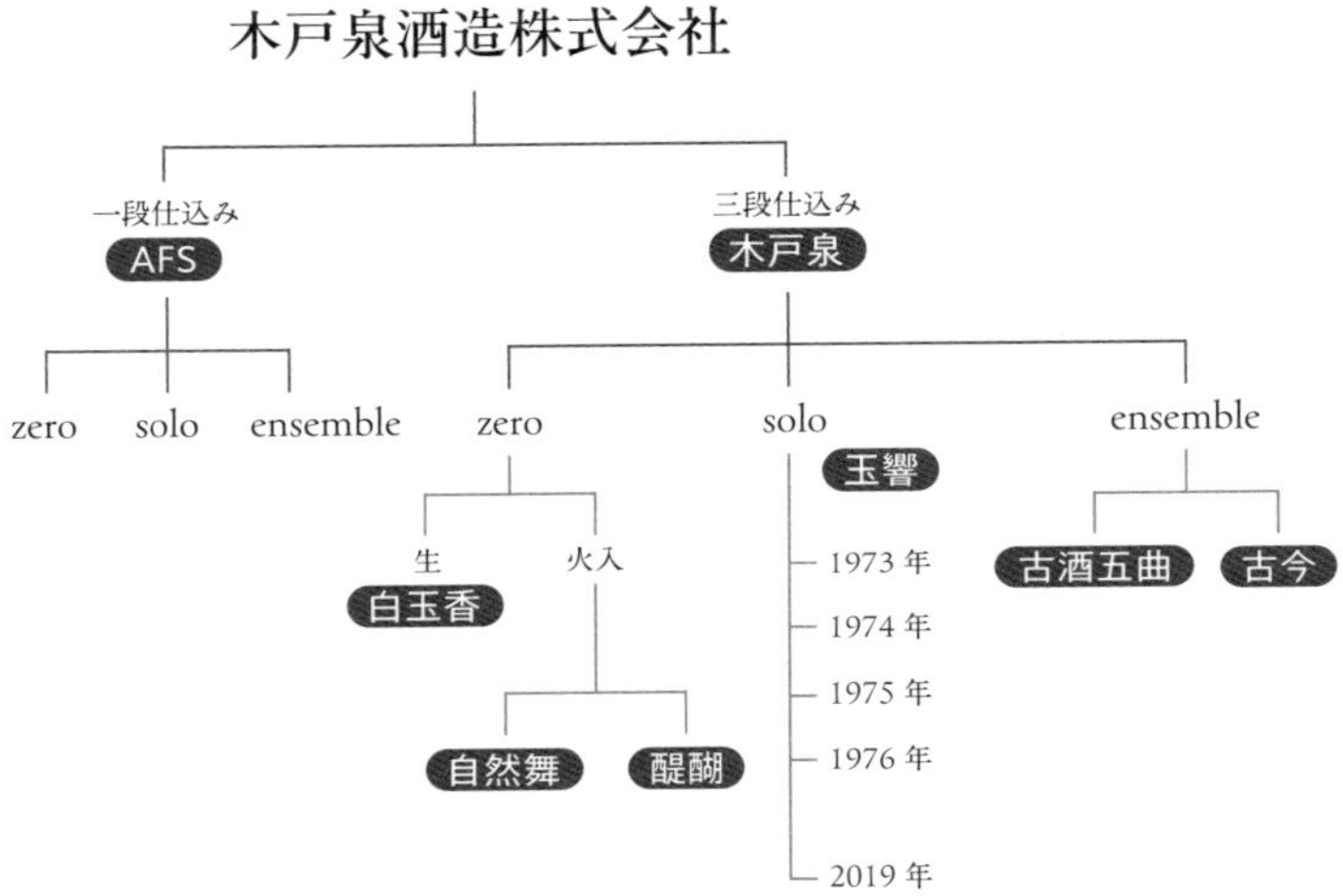

商品の全体像を把握しやすくした体系図

化することにし、さまざまなタイプの酒がどう分類されるのかが一目で分かる図をつくったのです。木戸泉酒造の酒を「一段仕込み」と「三段仕込み」の2つのタイプに大きく分け、さらに「ｚｅｒｏ」（定番）、「ｓｏｌｏ」（単一熟成酒）、「ｅｎｓｅｍｂｌｅ」（ブレンド熟成酒）に分かれるという形で商品を分類した体系図です。ここに木戸泉酒造の「ＡＦＳ」「白玉香」「自然舞」「醍醐」「玉響《たまゆら》」「古酒五曲」「古今」の各銘柄を当てはめることで、商品の全体像が格段に把握しやすくなりました。この体系化をもとにして、各銘柄に対する蔵のこだわりや思いをより明

「AFS」の新しいラベル、「AFS」という名前は開発者３人の頭文字を並べたもの。
この限定版AFSはかなりの高額商品のため、高級感のある箱のパッケージも制作

確にし、それぞれの価値が伝わる統一性のあるラベルデザインにしていくための検討が始まりました。

その第1弾としてすでに動き出しているのが「AFS」のラベルです。先に「AFS」の限定品を出荷するのを契機に、私たちはAFSと銘打つにふさわしいラベルを新たにデザインしました。

『AFS』は高温山廃酛の一段仕込み、日本酒の概念にとらわれない酒。濃厚多酸で旨みが凝縮している。50年以上前に生まれたブランドながら、常に新しい驚きを与えてくれる。そして熟成すればするほど円

熟味が増していく」。このコンセプトを踏まえ、太めのゴシック体で普遍的な強さを出し、Ａ、Ｆ、Ｓを縦書きにすることで日本酒へのリスペクトを表したデザインです。日本酒のラベルらしからぬシンプルでモダンなデザインに、木戸泉酒造のこれまでの思いも詰め込んでいます。

また、「ｚｅｒｏ」「ｓｏｌｏ」「ｅｎｓｅｍｂｌｅ」という表現を採用したのは、「ヴィンテージ」「ブレンド」など、ほかと同じ言葉では木戸泉酒造らしくないと感じたからです。木戸泉酒造には「玉響」「古酒五曲」といった音楽にちなんだ銘柄があったことから、それに合わせて「ｅｎｓｅｍｂｌｅ」などの音楽用語を使うことにしました。新しくつくった「ＡＦＳ」のブレンド熟成酒のラベルでも、「ｅｎｓｅｍｂｌｅ」という文字（Ｆの横にデザイン）がより独自性を感じさせるアクセントになっています。

ラベルのデザインが変わった新生「ＡＦＳ」は、「一般社団法人　刻《とき》ＳＡＫＥ協会」が２０２３年冬に開催したイベントでお披露目されました。刻ＳＡＫＥ協会は「熟成酒に日本酒の未来を描く蔵元」が集まって２０１９年に設立された協会で、木戸泉酒造も設立時からのメンバーですが、蔵の思いがこもった新しいラベルになったことで、より自信を持って出品できたとのことです。また、これまで掲載されたことのなかったラグジュアリー系の雑誌から掲載オファーがあるなど、スタイリッシュなデザインも功を奏し、百貨店のバイヤーからも高い評価を得て新たな取引の可能性につながっています。

時間をかけたディスカッションもブランディングの大事なポイント

木戸泉酒造が揺るぎない軸を見つけてブランドの再構築に着手し、商品の体系化も行ってラベルのリニューアルに動き出していますが、実はここに至るまでに、すでにかなりの時間を要しています。木戸泉酒造と私たちは、3～4時間のディスカッションをして、その後、1カ月程度おいてまた話す、を何度か繰り返しながら、少しずつ前に進んできました。場合によっては、こうした進め方が必要になるのも、長い年月を掘り起こすルーツ・ブランディングならではの特徴です。

長い歴史を誇る老舗企業は、積み重ねてきたものが多いだけに、それを整理するのに時間がかかります。誰かにじっくりと話を聞いてもらい、一つひとつ言葉にしていくことで、少しずつ整理されていくというケースが少なくありません。また、商品を体系化する際も、未来に受け継いでいくものと、削ぎ落とすものを整理する必要があります。これも簡単なことではなく、いろんな決断をくだすためには時間が必要なのです。

もちろん、私たちも時間をかければよいというわけではなく、着実に前に進めていくことを心掛けています。そのなかでも、特に大事にしているのが、できる限りじっくりと話を聞くことです。少しずつしか前に進めないと、正直、もどかしさも感じますが、それはまさに日本酒の醸しの工程に似ており、「良い酒」ならぬ「良いブランディング」のポイントの一つだと思っています。

このような物語は老舗の数だけあるはずです。私たちはそれを信じて、老舗が今まで培ってきた物語を掘り起こし、未来につなげるべき大切な価値を一緒に磨き上げ、ともに形をつくっていきたいと思っています。

事例５

ＢtoＢの食品卸で築いた強みをＢtoＣの通販事業の価値につなげ魅力的なおせちブランドをつくる

東京都　渋谷区
◆株式会社　オージーフーズ

新たな事業に舵を切る際もブランディングは不可欠

　コロナ禍を乗り越えて新たな成長を促進するために、多くの企業が新規事業の開発に取り組んでいます。なかでも、卸売やＯＥＭなどの事業を営むＢtoＢ（Business to Business／法人向けビジネス）企業がＢtoＣ（Business to Consumer／一般消費者向けビジネス）事業へ新規参入するケースが増え、特にコロナ禍で急速に拡大したＥＣ市場の流れに乗り、自社通販サイト構築の相談もいただくようになりました。

しかし、BtoB事業とBtoC事業では大きく異なるのが「顧客の主体性」です。BtoB事業はこちらから法人へ売りに行くのが基本ですが、BtoC事業の場合は不特定多数の消費者がこちらへ買いに来る道筋をつくらなければなりません。そのためには、消費者のニーズを把握し惹きつけるBtoCブランディングが最優先課題になります。

そこで実践したいのがルーツ・ブランディングです。自社がBtoB事業で築いた得意分野だけでなく、理念、創業の精神をBtoC事業へ活かすことで、魅力的なブランドイメージをつくり出すことができるからです。

東京・渋谷区に本社があるオージーフーズは、通販事業会社に特化した食品卸を主な事業とするBtoB企業です。同社の目利きバイヤーが、全国各地を訪れ、あらゆる食品のなかから逸品を厳選し、テレビショッピングや百貨店などの通販事業会社に対して商品を供給しています。仕入れ先の数は全国300社以上、取り扱う商品数は累計約1万7500品（2024年3月時点）にもおよびます。

同社がBtoC事業として強化し始めたのが自社ECショップの運営です。企業全体の売上はBtoB事業が9割を占めますが、企業の未来を見据えて消費者と直接つながる事業にも力を入れていきたいと考え、2022年に自社オンラインショップ「とっておきや」をリニューアルしました。そのなかで最も高い売上を誇るのが「おせち」です。同社はおせちを1999年から販売しており、特に思い入れが強い商品です。

私たちは、このオージーフーズのおせちこそ、これまで同社が築き上げてきた強みを凝縮した価値があると感じ、BtoCブランディングに取り組むことになりました。

創業以来培ってきた強みを凝縮した「おせち」の価値

私たちは「調べる」のステップで、オージーフーズの企業自体のことを理解するため、創業者である大野進会長と、2014年に2代目として就任した高橋徹社長にインタビューを実施しました。

オージーフーズの創業は1989年。社名の由来ともなるオーストラリアでの野菜輸出入業を経て、1990年テレビショッピングなど通販事業者に食品を供給する卸売業を始めました。大野会長と高橋社長のインタビューから分かったのは、創業以来「アイ

新たに制作したおせちのパンフレット（2023年の正月用）。
A4サイズ·8ページ、観音開きの体裁。写真は、表紙（左）と中面の一部（中·右）

デア」と「人の縁」「地域の縁」を大切にし、数々の困難を乗り越えるたびに新しい事業に挑戦し、成長してきたということです。

同社のバイヤーが日本全国を巡り開拓してきた仕入れ先のほとんどが、地域の中小食品メーカーで、良質な原材料にこだわり、職人の技術を駆使して、美味しさと安心・安全を追求する企業ばかりです。同社は３００社を超える仕入れ先と信頼関係を築いてともに商品開発に取り組み、通販事業者に供給してきました。同社は、仕入れ先、取引先、そしてお客様のために一期一会の縁を大事にし、「全国、世界の美味しい食品を継続してお客様にお届けする」という企業理念を具現化してきたのです。

「おせち」もまさに同社の「アイデア」と「人の縁」「地域の縁」を十二分に活かした商品です。

１９９９年、会長が「全国の美味しい食品からさらに厳選し、一流品を集めておせちをつくるというのは、うちにしかできない」とひらめき、全国のメーカーと強力なタッグを組んで商品開発をしました。その思いは、おせちを担当している高橋ひろみ取締役に引き継がれています。

取締役は「日本の伝統食文化の象徴である『おせち』を未来へつなげていきたい。そのためには、食の本質である美味しさと安心・安全を貫かなければいけない」という強い信念を持っていました。そのため、取締役をはじめとした同社のおせち担当スタッフは、これまでに他社も含めて１５００種類以上のおせちを試食して研究を重ねたといいます。

「冷蔵個包装パック」の詰め合わせは、その信念を実現するために取った方法です。各食品メーカーのおせちをつくりたての状態で一品ずつ真空個包装パックし、それを同社に集結させ、ひと箱にセットして冷蔵配送するスタイルです。

昨今人気の冷凍おせちは、お重におせちが詰められた状態で届き、お客様は解凍するだけでよいという利点があります。しかし、お重ごと冷凍されているため、すべて一度に解凍するしかありません。その点、オージーフーズの冷蔵個包装パックは、お客様がご家庭で食べたいときに食べたい分だけ冷蔵庫から取り出して開封することができ、ど

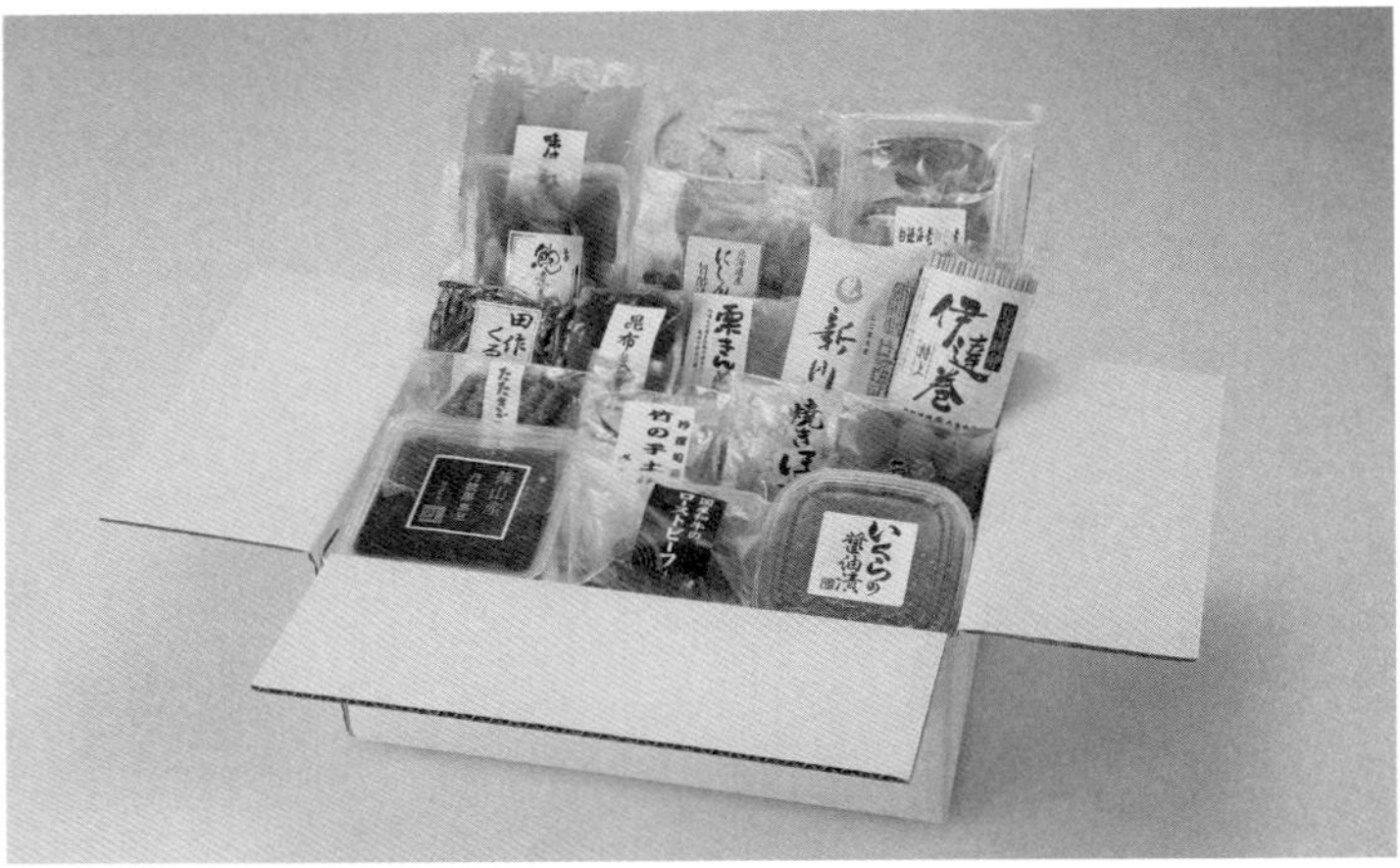

おせち料理は冷蔵配送で一品ずつ個包装

のおせちも開封したときに出来立ての味わいを楽しめるのが大きな利点です。しかし、そのスタイルからお重への盛り付けは自分で行わなければなりません。

私たちは、オージーフーズのおせちを試食し、その美味しさに驚きました。栗と芋を丁寧に裏ごしした栗きんとん、糖度の違う蜜で2度も炊き込んだ丹波篠山産黒大豆など、どのおせちを取っても厳選した食材で丁寧な仕事が分かる、日本食本来の美味しさがありました。また、一見すればデメリットに思える盛り付けのひと手間は、「盛り付けアレンジ自由自在」「家族で盛り付けを楽しめる」「家庭でつくったおせちと合わせて盛り付けできる」など多くの利点に転換できます。これだけ美味しくて、アレンジの自由が利くおせちの価値を喜んでくださるお客様はたくさんいるはずです。このようなお客様に向けて価値を伝えるためのブランディングを目指しました。

そのためには、ターゲットになるお客様のニーズやマインドを把握することが重要です。同社のおせちの価値に共感し、ファンになってくれるのはどんな人なのかを知らなければなりません。そこで、これまで購入者アンケートで寄せられたお客様の声を改めて調べました。そこには「毎年おせちを残す子どもたちが残さず食べた」「おせちにありがちな塩辛さがなく、優しい味わいだった」「上品な味付けで素材の良さを感じた」「家族で盛り付けを楽しむことができた」など、まさに同社のおせちの価値を見抜いているお客様の姿がたくさんありました。その姿を一言でいえば、「食の本質を求める人」です。

同社のラインナップは、王道の「金のおせち（17品目）」が約2万円、さらにグレードが上がる至極の「数寄《すき》のおせち（24品目）」が約3万円という価格です。この2～3万円の価格帯は通販おせちで最も人気の高い価格帯で、競合も多いボリュームゾーンです。その中で、競争に巻き込まれずファンを増やすには、まだ出会えていない「食の

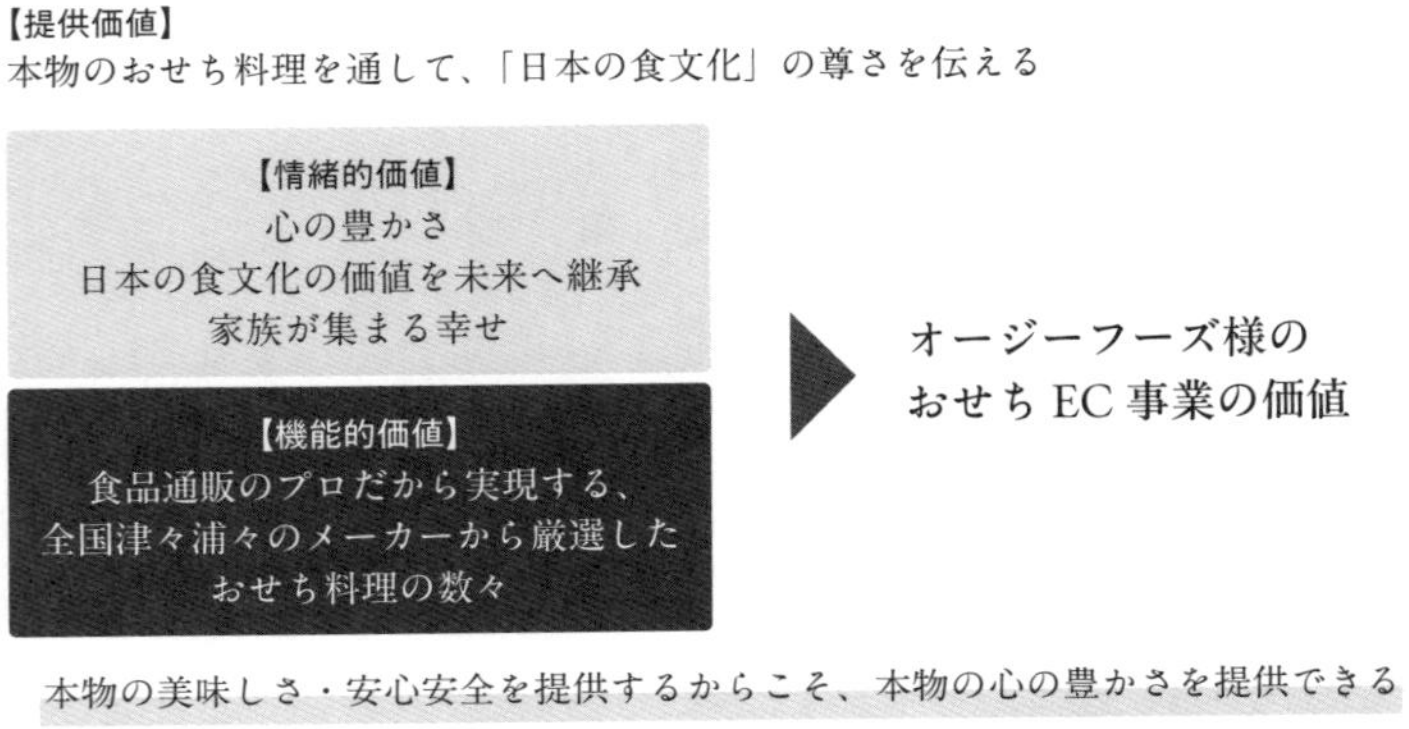
【提供価値】
本物のおせち料理を通して、「日本の食文化」の尊さを伝える
【情緒的価値】
心の豊かさ
日本の食文化の価値を未来へ継承
家族が集まる幸せ
【機能的価値】
食品通販のプロだから実現する、
全国津々浦々のメーカーから厳選した
おせち料理の数々
オーージーフーズ様の
おせちEC事業の価値
本物の美味しさ・安心安全を提供するからこそ、本物の心の豊かさを提供できる

オージーフーズのおせち事業の価値

本質を求める人」にもっと出会っていくことが必須でした。

コンセプトを磨き、お客様を魅了する「おせちや」の世界観を創造する

最初の「調べる」のステップでオージーフーズの企業価値がおせちへ連綿と受け継がれていることを理解し、次の「磨く」のステップでコンセプトメイキングへ進みます。取締役との打ち合わせを重ねながら、同社のおせちの価値を表すキーワードを洗い出し、図式化しました。同社のおせちのコンセプトは「本物のおせち料理を通して、『日本の食文化』の尊さを伝える」に定めました。

しかし課題はブランド力でした。競合他社のお

せちに比べて同社のおせちは「知られていない」のです。同社は味と品質に関しての自信があり、購入者アンケートを見てもお客様満足度は95％にまで上ります。一度食べてもらえたお客様には価値を分かってもらえるのですが、新規のお客様にどのように価値を伝え、興味を持ってもらえるかが課題でした。

必要なのは同社のおせちにふさわしいブランドイメージの醸成です。そこで「らしさ」や「世界観」をつくり出すために、同社のおせちの正式なロゴデザインをつくり、トーン＆マナーの統一を行うことにしました。「魅せる」の顧客接点づくりです。

ブランド名は、同社が商標登録を持ち、前々から温めていたネーミング「おせちや」になりました。本質を追求する同社らしい、シンプルで分かりやすいブランド名です。

この「おせちや」のブランド名とコンセプトをもとに、新しいロゴデザイン制作に進みました。取締役は茶道の先生から「円は欠けることのない無限を意味し、円窓は己の心を映す窓」という話を聞き、これこそ「おせちや」が目指す日本らしいおもてなしの象徴だとひらめいたそうです。私たちはその思いからインスピレーションを得て、円窓をモチーフにしたロゴデザインの制作に取り掛かりました。

提案したのは、日本の普遍的な美しさ、縁起のよさ、人との結び付きを印象づける「水

【ロゴのイメージ】
以上のことから、キーワードを抽出

本質、本物、普遍・不変、真っ直ぐさ、数寄、風流、日本の美、日本の食文化を未来へ、
おもてなし、心づくし、和の心、お客様の笑顔、幸せ、心の豊かさ

「円」のモチーフ
禅における書画のひとつで、図形の丸（円形）を一筆で描いたものを「円相」という。円は欠けることのない無限を表し、全てが始まり・終わりであり、悟りや心理、宇宙全体などを表現しているといわれる。
「円窓」と書いて「己の心をうつす窓」という意味もある。円窓のこちら側にはオージーフーズがいて、その窓の向こう側にはお客様の笑顔が見える。

円の中に文字を入れるのではなく、ロゴマークとロゴタイプの組み合わせでも可。

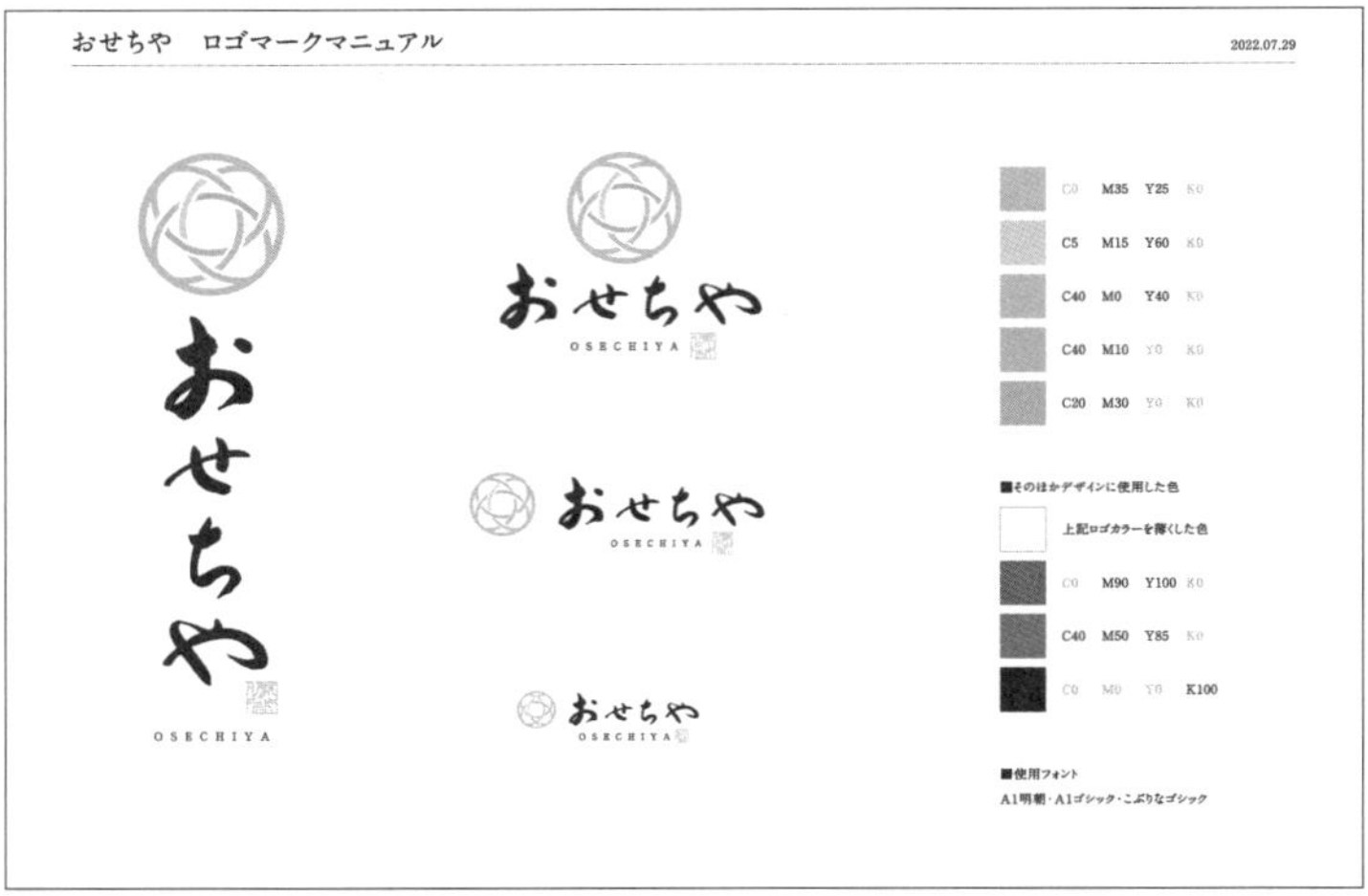

上：「おせちや」ロゴマーク制作のためのオリエンテーションシート
下：完成したロゴマークのパターンやカラー指定を記載したマニュアル

引」の結び目を円窓の中にかたどったロゴマークです。日本の伝統色である朱鷺《とき》色・芥子《けし》色・萌葱《もえぎ》色・薄花《うすはな》色・藤色の５色を重ね合わせ、色とりどりのおせちが一つに集まる様子を表現しました。「おせちや」のロゴタイプは、毛筆でオリジナルの筆跡にし、日本らしさや手の温もりが伝わるようにしました。

こうして出来上がったロゴデザインは、日本古来の意匠や書を用いて素直な美しさを表現した、オージーフーズらしい誠実な世界観を伝えるものになりました。取締役が「自分のイメージが形になった」と喜ばれたのを私たちもうれしく思いました。

人の縁を結び、「おせちや」の価値創造につながっていく

ロゴデザインの制作を通して明確になった「おせちや」らしい世界観に合わせ、ＤＭパンフレットのデザインをリニューアルしました。ＤＭパンフレットは、商品の価値や魅力、つくり手の思いを伝え、お客様の心を魅了して購入意欲を高めるための重要なツールです。特に、食に関するパンフレットデザインのクオリティーを決定づけるのが「撮

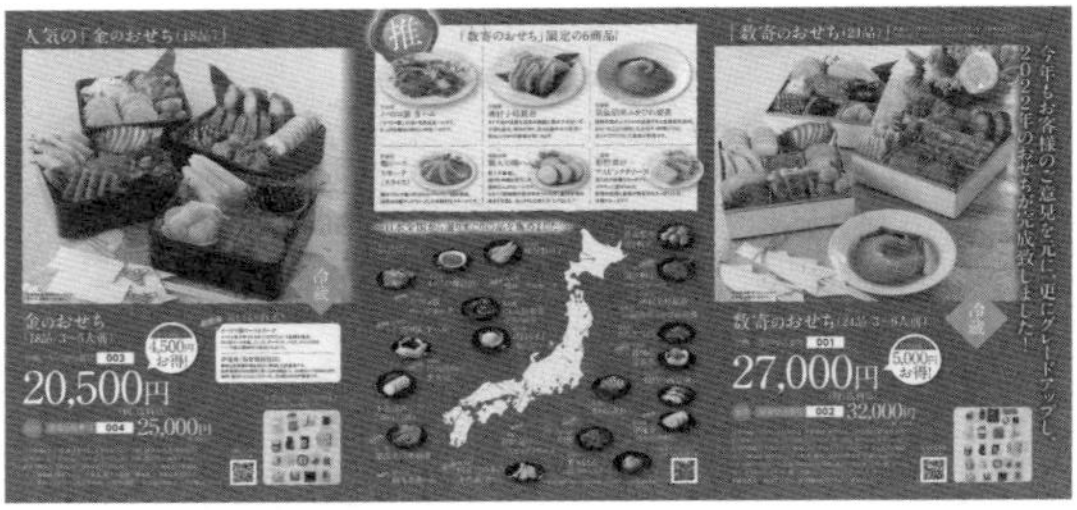

デザインリニューアル前のパンフレット

デザインリニューアル後のパンフレット
(2024 年の正月用)

影」です。いかに美味しそうに撮影するかはもちろんのこと、写真にはブランドらしい世界観の表現が求められます。その世界観は、どのような食器や演出品を使ってテーブルコーディネートするかに大きく左右されるのです。

取締役は、前々からある人気のSNSアカウントに注目していました。それが食器と雑貨のライフスタイルブランド「FOURGRACE（フォーグレース）」です。SNSでは約22万人（2024年9月現在）がフォローし、その多くが食を大切にし、食卓を楽しむマインドを持ったお客様です。FOURGRACEの食器は有田焼や波佐見焼など日本各地の伝統工芸品の産地でつくられ、今の感性に寄り添う洗練されたセンスがありました。さらに同ブランドのSNSアカウントにアップされた写真には、日本の美を自分らしく楽しむテーブルコーディネートのヒントがたくさんあったのです。まさにこれは「おせちや」が目指している世界観そのもので、取締役はブランド同士で共鳴できると感じました。

そこで取締役は株式会社FOURGRACE代表の中村千恵社長にコンタクトを取って面会し、「おせちや」のコンセプトやおせちに懸ける思いを語ったところ、「おせちの食文化を未来へつないでいく」というビジョンで意気投合。その結果、FOURGRACE

「おせちや」のウェブサイトには、パンフレットに登場しているFOURGRACE（フォーグレース）の中村千恵社長と、オージーフーズで「おせち案内人」として活躍する中井千佳氏の対談記事を掲載

の全面協力で、撮影用の食器や演出品すべてを貸し出してもらうことになりました。それだけでなく、中村社長は撮影用のコーディネートや「おせちや」のおせちを活かしたアレンジレシピまで考案し提供してくれたのです。また、FOURGRACEのお正月特集で「おせちや」のおせちを使ったコーディネート写真をアップしたり、SNSで合同のお正月準備ライブを行ったりと、夢のコラボレーションの話がどんどん進みました。

このようにおせちに懸ける思いでつながった人の縁によって、「おせちや」らしい世界観をつくり上げることができました。日本の美や家族のあたたかな幸せ、なおかつ今のライフスタイルに寄り添うアレンジの楽しさや洗練されたセンス。お客様が「こんなおせちの食卓をやってみたい」と心が躍るようなお正月の食卓の写真を最大限に活かしたDMパンフレットの完成です。

ブランド同士のコラボレーションが成功するにはさまざまな条件がありますが、最も重要な条件は、ブランド同士がお互いに共感・共鳴し、リスペクトしあえるかということです。そのためにも、ブランディングを行ってコンセプトを磨き、自分らしい世界観を明確にしておくことが大切です。

企業の変わらない「本質」を見いだすためのルーツ・ブランディング

現在高橋社長は、通販専門食品卸売業を軸に事業を広げて、通販事業者を総合的に支援するため、物流、食品品質管理、撮影やフードコーディネートなど、通販事業にかかわる質の高いサービスを提供しています。そして、同社の「おせちや」やECショップ「とっておきや」といったBtoC事業にも、通販事業の高いスキルを持った社員たちの活躍が欠かせません。同社の「全国、世界の美味しい食品を継続してお客様にお届けする」という理念は、BtoC事業にも受け継がれ、実現しています。

この事例を通して、企業にとって大切な本質はBtoBでもBtoCでも変わらず、双方に活かすことができることを教えられました。その本質に人の縁がつながっていき、新しい付加価値を創造していく。「お互いにファンになるんだよ」という大野会長の言葉がブランディングの本質を物語っています。

事例6

ルーツ・ブランディングで幼い頃から見てきた原風景の海を表現する新しい酒づくりに挑む

◆長崎県 平戸市
福田酒造 株式会社

地域の風土性をブランドの強みに変えるために

人の気質が生まれ育った土地の影響を受けるように、企業の特色も事業を営む地域の影響を大いに受けます。その影響が顕著に分かるのが日本酒です。日本酒には、「原料の米に日本産米を用い、日本国内で醸造したもの」など一律の定義がありますが、全国約1400蔵で醸造される日本酒には多様な特色と豊かな個性があります。つくり手の思いはもちろんですが、米どころや名水地など自然環境に恵まれた地域、街道沿いの宿場町、水運や海運で栄えたまちなど、蔵のある地域の地理的・風土的要因からも大いに影響を受けているのです。

特に日本酒好きにとってその地域の自然や歴史、風土を知ることは、「この場所で醸された酒は、どんな味がするのだろう」という興味関心を高め、商品の購入動機につながります。また、酒づくりの背景にある物語に思いを馳《は》せながら味わうことで、より一層美味しく感じられるようになり、そして、地域とともに歩む酒づくりの哲学に共感し、酒蔵のファンになっていくのです。このことからも、私たちは、酒蔵のコーポレートサイトなどの「魅せる」の顧客接点ツールをつくる際は、風土の価値をしっかり深掘りし、その情緒を伝えるべきであると考えています。

長崎県平戸市の福田酒造では、まさにこのようなルーツ・ブランディングを行いました。2023年6月、風土の価値と酒づくりの思いをつなげて語り掛けるコーポレートサイトをリニューアル。格段にサイト訪問者を惹きつける仕上がりになりました。さらに、海のまちに根差しながら革新に挑む福田酒造は、ブランディングを通して「美しく豊かなふるさとの海を表現するような酒を生み出す」という決意を固め、新しい銘柄「福海《ふくうみ》」を立ち上げました。

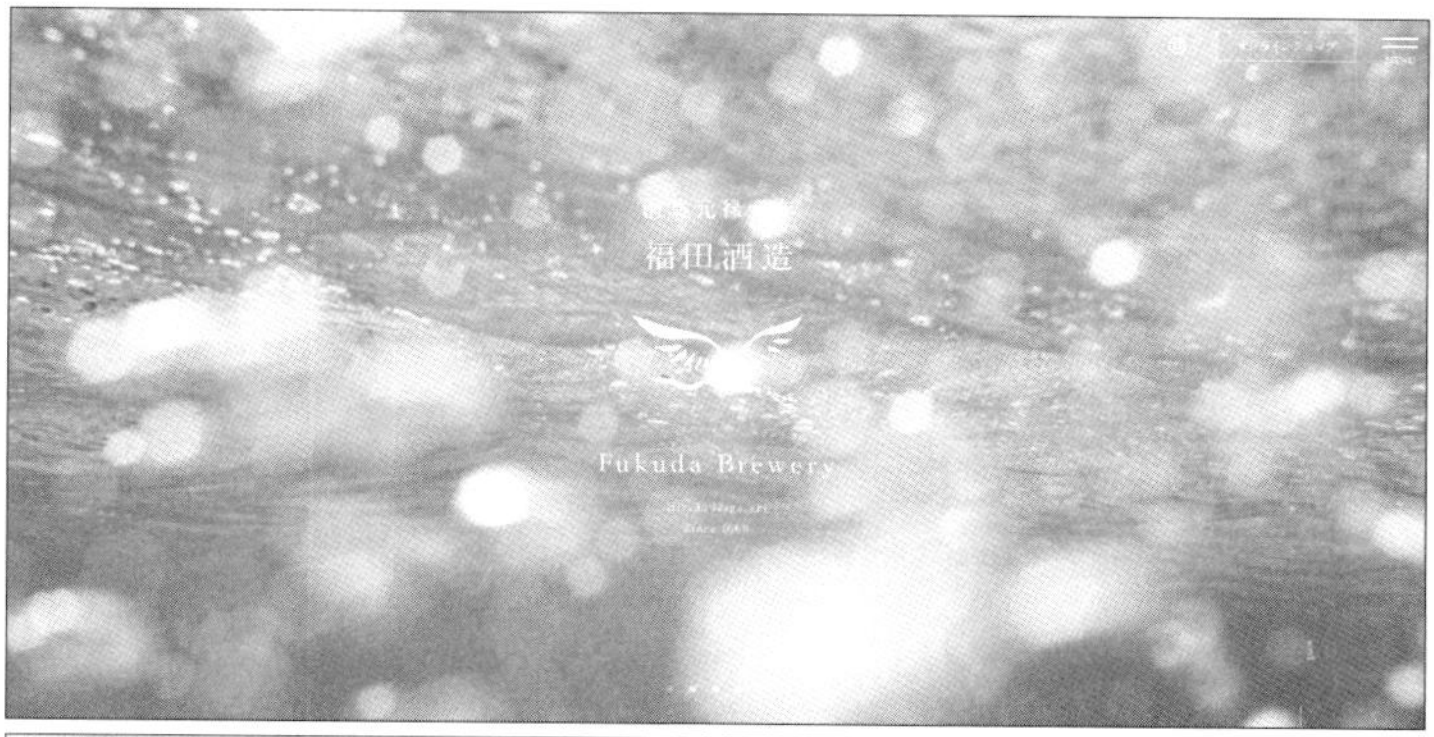

上：リニューアル後のコーポレートサイトのトップ画面
下：そのほかの画面の一部

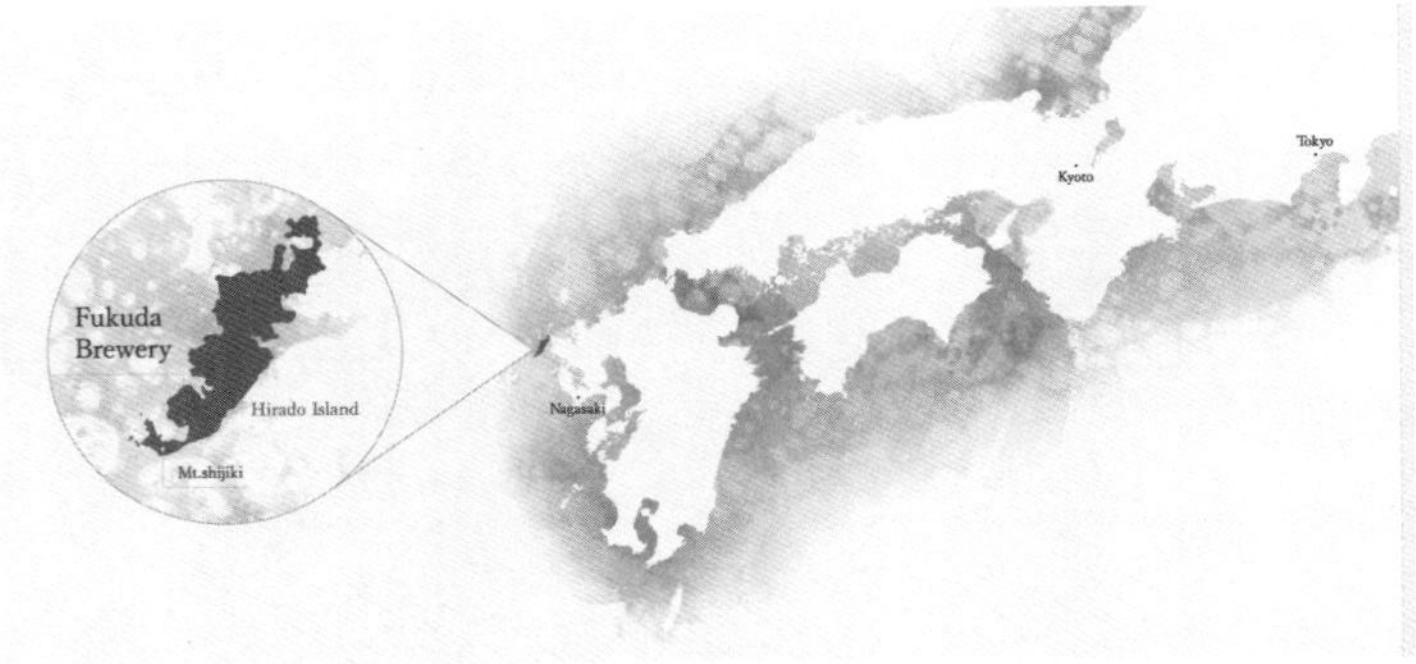

コーポレートサイトに掲載している福田酒造の場所を示す地図

風土と酒づくりの結び付きを体当たりで調査することで見いだされたコンセプト

長崎県の北西部に位置する平戸島を中心とした平戸市は、日本で初めて西洋貿易が行われた地として知られています。平戸オランダ商館などの遺構が残る中心部から約30㎞離れた平戸島南部には美しい志々伎《しじき》湾が広がり、その沿岸に福田酒造があります。美しく穏やかな湾の対岸には、雄大な志々伎山の姿を望むことができます。

福田酒造はこの志々伎の地で創業以来、３００年にわたり酒をつくり続けてきました。現在の代表取締役である福田竜也社長は15代目に当たります。

２０２２年、蔵元への就任を機に、社長は自身が描く酒造の未来について考えるようになりました。

最初は、蔵のロゴマークを変えることから始まりましたが、何を象徴にするか考えるうち、社長は「福田酒造らしさとは何だろう」と思いを巡らせるようになりました。海との縁が深い酒蔵というのが特徴ではありますが、同じように海に近い酒蔵は日本中にあります。福田酒造らしさの象徴を探すために、社長は生まれ育った平戸島南部の風土を改めて見つめ直すことにしました。

そんななか、社長が出会ったのがクリエイティブディレクター、デザイナー、アーティストとして活躍する大地《おおち》千登勢《ちとせ》氏（C&代表）です。大地氏が平戸の菓子店とのプロジェクトに携わっていたことで縁がつながり、福田酒造のブランディング・ディレクターを務めることになりました。その大地氏が福田酒造の酒づくりにおける背景として最も重視したのが、志々伎湾を中心とした平戸島南部の風土です。大地氏は、その背景を探るために自ら山に登り、海に潜り、まちを歩き、土地の人に話を聞くなど、雄大な自然と歴史文化が織りなす風土について体当たりで調べていきました。

そうした大地氏の調査によって見いだされた、風土の価値と酒づくりへの思いのつながりを表したのが「水天一碧《すいてんいっぺき》、白縹《はなだ》の波の花。縹色の海は人と神を繋ぎ、ここ志々伎に

福田酒造株式会社

創業元禄元年

「世界へ羽ばたく」という思いも込めた福田酒造の新しいロゴ

悠久の酒を醸す」というコンセプトです。この一節にある「水天一碧」とは、海と空とが青々として一続きになっている様子を表し、「縹色」とは日本古来伝わる明るい藍色で、まさに志々伎湾の風景そのものを描写しています。雄大な自然や神秘性、ゆるやかな時の流れなど、この地で３００年間行われてきた福田酒造の酒づくりにとってかけがえのない風土の価値が言語化されました。

　そのコンセプトを視覚化するために、大地氏と同じプロジェクトに携わるオランダ人写真家が現地に長期滞在し、時間をかけて福田酒造の原風景を写真に収めていきました。

　さらに大地氏は、風土と酒づくりが結び付く象徴として、福田酒造のロゴマークをブラッシュアップしました。新しいロゴマークは、風土のシンボルである霊峰、志々伎山の稜線と、大きく羽ばたく鶴のシルエットを重ねたユニークなデザインです。福田酒造にはその昔に鶴が舞い降りたという伝説があり、今でもその場所を神社として祀っています。先祖が大切にした鶴の姿に「いつか福田酒造の名が鶴のように大空へ羽ばたき、志々伎山に見守られ、世界へ羽ばたくように」という思いを込めました。

多様なステークホルダーにとって価値の高いコーポレートサイトをつくるために

ここまで大地氏が行った平戸島南部の調査、コンセプトメイキング、撮影、ロゴマーク制作をもとに、私たちはコーポレートサイト構築を手掛けました。大地氏が「調べる」「磨く」を行い、私たちが「魅せる」を行い、顧客接点をつくるという協業体制を取りました。

私たちは、大地氏によって磨かれたコンセプトが、コーポレートサイトを通してサイト訪問者の価値になるためにはどうすべきかを考えました。酒蔵のコーポレートサイト

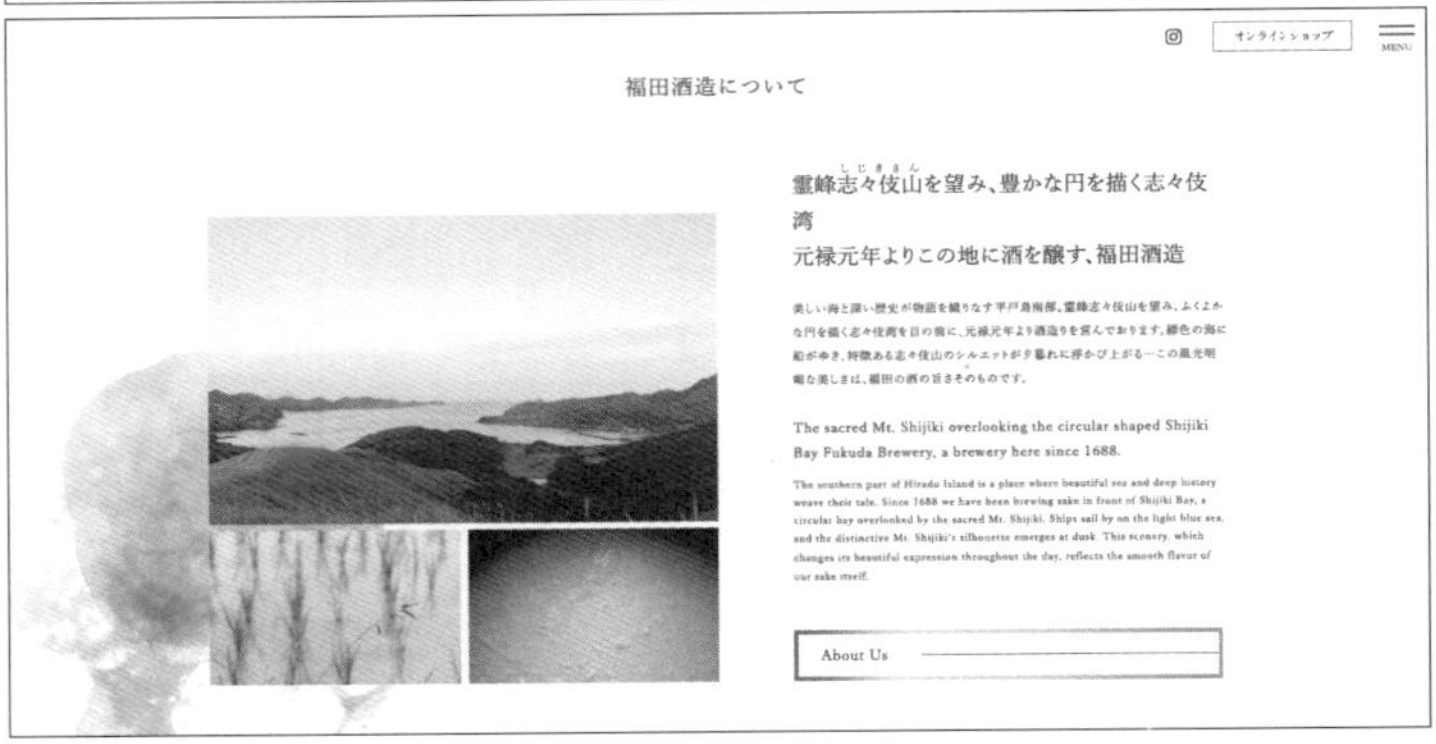

平戸島南部の風土や歴史を紹介した画面

福田酒造の酒づくりについて紹介した画面

には消費者だけでなく、卸売企業や酒販店・飲食店、メディア関係者、採用希望者、地方自治体や事業支援者、平戸を訪れる旅行者など、多様なステークホルダーが訪問するため、それぞれの属性や目的、ニーズを研究することが重要です。そのステークホルダーたちが期待する価値と、福田酒造が伝えたいコンセプトをつなげるためのコンテンツとデザイン設計を行います。もちろん、表現の軸になるのはオランダ人写真家が撮影した美しい風景写真ですが、福田酒造の物語、酒づくりの哲学、地域との共存共栄を目指したビジョンも明確に記すことにしました。最終的に新しいコーポレートサイトは、平戸島南部の自然が眼前に広がるようなデザインでサイト訪問者を魅了し、そのうえで社長のメッセージをしっかりと伝えることで、地域の風土に酒蔵の強みと価値を活かした、唯一無二のイメージを創出するものになりました。福田酒造のルーツ・ブランディングを凝縮した、新しい「魅せる」顧客接点の完成です。

「自分の酒とは何か」を考え抜いた新しい日本酒

今回のブランディングを通して、社長は自身の原風景である風土での酒づくりにこれまで以上に向き合いたいと思い、「自分の酒とは何か」を考え続けました。そして、社長が幼い頃から見てきた美しく豊かな志々伎湾、海の飛沫《しぶき》を表現するようなピュアな日本酒を目指し、新しい酒づくりに挑む決意を固めていきました。

私たちは、この新しい日本酒のラベルデザインも手掛けました。「福海」と名付けられた日本酒は、まさにこれまで福田酒造で行ってきたルーツ・ブランディングを昇華するものだと捉え、私たちは志々伎湾をモチーフにしたデザインを何案も提案しました。しかし、社長はどのデザインにもなかなか満足できず、何か物足りなさを感じている様子でした。

私たちは、社長の「福海」に懸ける思いを、まだすべて捉えきれていないのかもしれないと感じ、社長の言う「志々伎湾の海を表現するピュアな酒」の意味を深掘りすることにしました。その思いで福田酒造の前に広がる志々伎湾、陽光を受けてきらめく海、

福田酒造の新ブランド「福海」のラベルデザイン（上：表／下左：裏／下右：首）

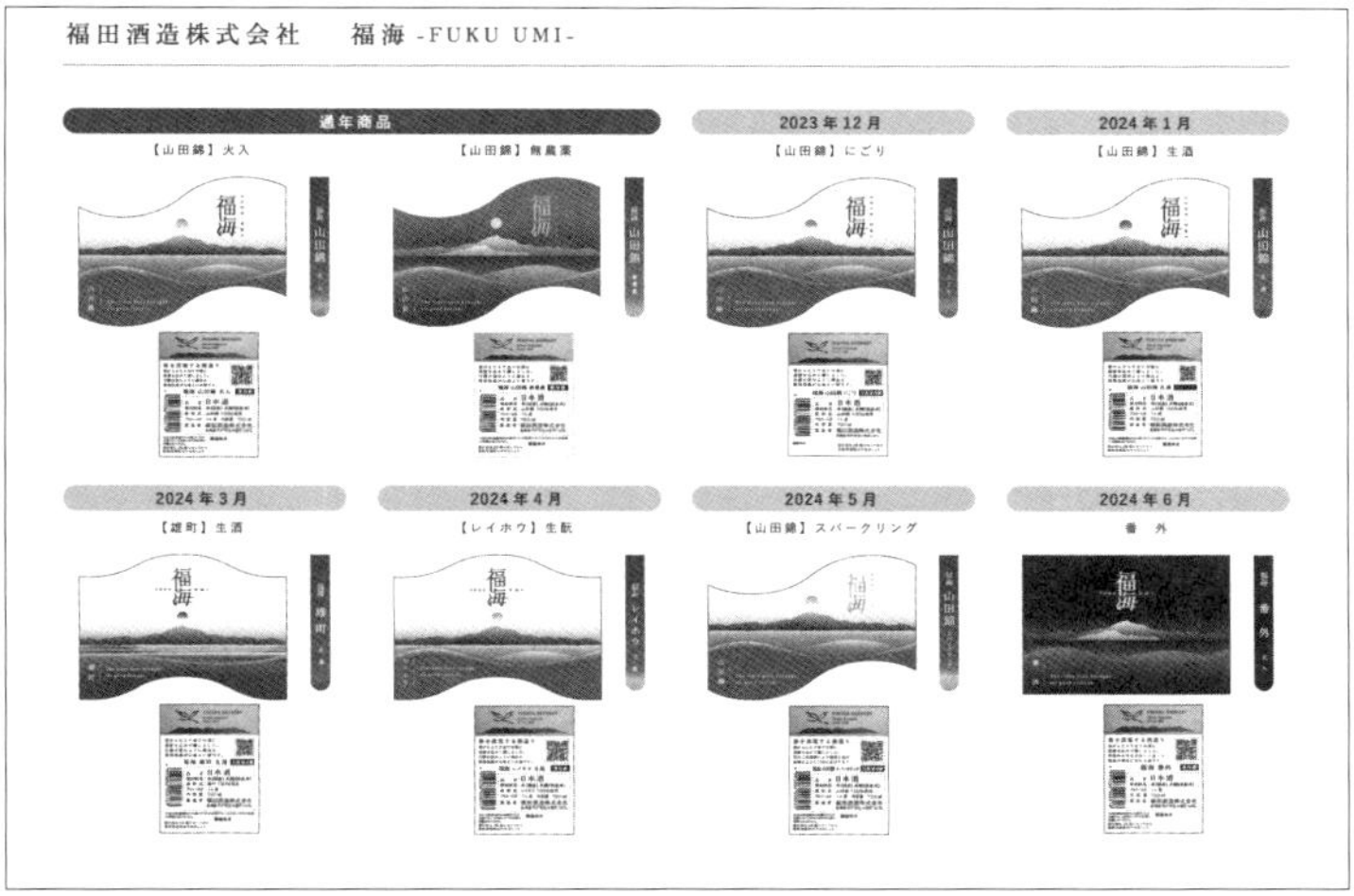

発売を予定している約10種類の「福海」は、シリーズ商品としての統一感を持たせながら、酒米の種類や製法の違いに合わせてデザインをアレンジ

志々伎山の神々しい麗姿、心地よい海風、優しくおだやかな時の流れを感じたとき、この景色を社長が幼い頃から大事にしてきた原風景として表現するには、もっと風景の奥行きや海の透明感、青の深みが必要だということに気づきました。

　私たちは今まで進めていたデザインをリセットし、海、山、太陽、光、色など志々伎湾の風景を構成する要素を再分解して、それぞれをモチーフとして磨き上げました。その過程の中で「福海ブルー」というデザインコンセプトを立て、色合いやタッチ、遠近感のある構図を意識しながら新しいラベルデザインの創造に再チャレンジしました。

完成したデザインは、社長が要望した「ほかにはないデザイン」を叶えるため、ラベルの形状に斬新な波型を採用したのが大きな特徴です。さらに、福田酒造の眼前に広がる海の透明感を意識しながら、福田酒造から見える志々伎山と志々伎湾、太陽のモチーフで構成した「福海ブルー」のキーデザインを制作しました。それをベースに約10種類のデザイン展開に対応するため、酒米の種類はラベルの形状を変え、製法の違いは志々伎山の上に描いた太陽の色で差別化できるようにしました。社長と私たちのディスカッションから生まれたアイデアで、ボトルの裏ラベルには、福田酒造から見える志々伎山の反対側のシルエットを撮影した写真を配置し、表と裏のラベルで対になっているという遊び心も施しました。「福海」は、福田酒造のルーツ・ブランディングを昇華して未来へつながる新しい価値を育む新商品になり、コーポレートサイトのコンセプトとも合致したラベルデザインとして完成することになりました。

現在、「福海」は首都圏をはじめ、全国各地の酒販店にて展開し、好評を博しています。透明感のある清々しい飲み口の奥にまろやかな旨味を感じる味わいは、美しく豊かな志々伎湾の風景を思わせます。ロンドンで審査が行われた「インターナショナル・ワイン・チャレンジ2024(通称IWC)」の純米吟醸酒の部にて「福海　山田錦火入《ひいれ》」がシルバーを受賞し、世界にも受け入れられる新しい日本酒になりました。

ルーツ・ブランディングでは、企業が大事にしている原風景を探ることも大切な手法です。その原風景がお客様とつながったとき、共感や愛着が生まれ、ブランドとの絆が深まると考えています。それが事業を通してできるのが、地域に根差した企業の大きな強みです。

福田酒造の創業者である福田長治兵衛門《ちょうじべえもん》氏は「酒づくりは、心でつくり、凪が育てる」と言葉を遺しています。この真髄を体当たりで調べ、磨き、世の中に魅せる形をつくっていくのがルーツ・ブランディングの原点だと考えています。

事例7

明確なビジョンを持つ企業×「魅せる」のプロ これもルーツ・ブランディングの成功の形

大阪府 東大阪市
◆株式会社 菓匠庵白穂

地域に根差した「まちの和菓子屋さん」の価値をアップデートし、未来へつなげる

「まちの和菓子屋さん」として親しまれる、地域に根差した昔ながらの和菓子専門店。菓子づくりを通して地域の情緒を表現し、冠婚葬祭や季節行事に寄り添い、進物や土産で人と人を結び、暮らしに癒やしや活力を届けるなど、地域社会になくてはならない大切な役割を果たしてきました。このような地域密着の和菓子専門店の多くは、製造と販売が一体化した「製造小売」を行う中小企業や小規模事業者で、職人による手づくり

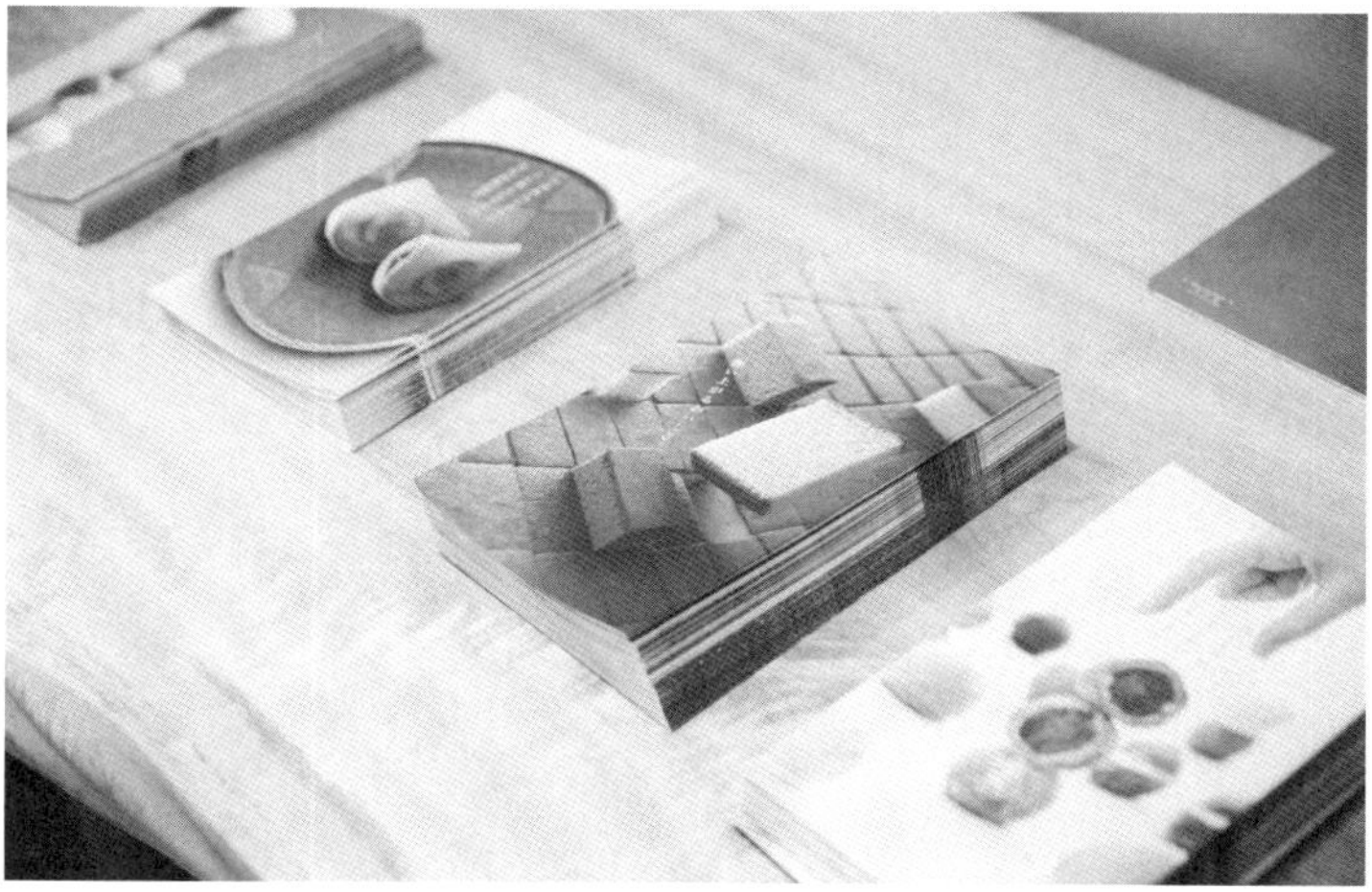

菓匠庵白穂の店頭に置かれるリーフレットシリーズ。
1枚につき1商品を丁寧に深掘りして紹介していく

や小ロット生産、ニッチで高品質な商品開発など、大企業には難しいきめ細やかな対応が可能なことが強みです。このような和菓子専門店が、北から南まで全国のまちに息づいていることは、日本の食文化における誇りであるといえます。

一方で、和菓子専門店ならではの価値は、きちんと世の中に伝わっていないように思います。私たちがさまざまな和菓子専門店で経営者や職人に話を聞くと、材料や技術へのこだわり、創業の歴史と地域との結び付きを熱く語られ、地域密着の事業に対する誇りを感じます。それにもかかわらず、その思いが外に向けて発信されていないことが多いのです。「言わずとも伝わる」と思っているうちに、地域のお客様も入れ替わり、世代交代も進んでいきます。自ら発信しないと、その貴重な価値が広まらず、新規のお客様は知ることができません。これは和菓子専門店の損失であるだけでなく、お客様にとっても地域の美味しい和菓子に出会う機会を失っているという意味で損失であるといえます。

コロナ禍が終わり、和菓子業界にも明るい兆しが見え始めましたが、依然として原材料や光熱費の高騰、人手不足などの問題が残っています。そうしたなか、日々の経営に追われて新しい時代に向けたアップデートが進まず、悩みを抱えている店も少なくありません。しかし、まずは今持っている自らの価値を整理し、その価値を世の中にきちんと「魅せる」方法を見直すことが重要です。

とはいえ、この「魅せる」という段階が最大の難関であり、多くの経営者が頭を抱えているのも事実です。そんなときは、デザイナーやカメラマン、ライターといったクリエイターの力を借りることで、その課題を乗り越えることができるかもしれません。外部の専門的な視点と技術を活用することで、和菓子専門店の魅力を効果的に発信する手助けとなると考えています。

大阪府東大阪市にある、地元に根差した和菓子専門店、菓匠庵白穂で制作したリーフレットは、まさにその課題を解決した事例です。

商店街の一角にある「菓匠庵白穂　若江岩田本店」

先代の後を継ぎ19歳で2代目に就任、製菓技術が向上したのに売上が下がったわけ

菓匠庵白穂は１９８１年、新澤貴之社長の父である先代が「地域のお客様に本物の美味しい和菓子を伝えたい」との思いで東大阪市の若江岩田に創業しました。後を継ぐために社長は高校卒業後、千葉にある和菓子専門店で修業を始めましたが、その翌年の１９９９年、先代が46歳で急逝したため、実家に戻ることになります。修業を始

めたばかりでまだ和菓子の技術も経営の知識もなかったのですが、母と相談し「父が20年近くやってきた店だから、この先も続けていこう」と決意を固め、19歳で2代目に就任して母と二人で再スタートすることになりました。

社長は母とともに手探りで準備を進め、数カ月後にようやく営業を再開することができました。再オープン日には地元のお客様が列を成して来店した光景を見て、先代が築き上げた「菓匠庵白穂」がいかに地域に愛されていたのかを実感し、「応援してくれる地元の人たちのためにも店を潰すわけにはいかない」と和菓子の研究により一層邁進しました。毎日夜遅くまで製菓専門書を読みあさり、試作を繰り返し研究したことで製菓技術は確実に向上し、それに合わせて商品の品質が上がり、品数も増えていきました。この頃を振り返って、新澤社長は「新しいことを学ぶのが楽しくて仕方なかった」といいます。

最初の1年は順調な推移を見せましたが、その後5年間ほどは、商品の品質は向上したのに売上が下がり、経営が危機的状況に陥ってしまいます。その原因を追究していた当時の社長は、美味しい和菓子をつくるという「職人の視点」に特化しすぎて、その美味しさがお客様にどう伝わるかという「お客様の視点」が欠けていたことに気づきました。そこでプライスカードにメッセージを入れたり、商品について丁寧に説明したＰＯＰを置いたり、お菓子の情緒が伝わるパッケージにしたりと、職人としての技術だけでなく、お客様にお菓子の価値を伝える店づくりを研究し、経営についても勉強を始めました。

こうして経営を改善させ、２００８年に創業店舗の地の近くに移転し、新たに町屋風の店構えに刷新しました。それが「菓匠庵白穂 若江岩田本店」です。さらに２０１６年には店舗を拡張。２０２０年には「菓匠庵白穂 石切店」を新規出店し、現在は東大阪で2店舗を経営し、売上は引き継いだ頃に比べ約10倍に成長しました。また社長はその高い製菓技術が認められ、38歳のときに和生菓子製造技術者として史上最年少で「なにわの名工」を受賞、その後も数々の賞を受賞しています。

社長が和菓子をつくるうえで大切にしているのが、材料をとことん吟味し、厳選することです。なかでも「和菓子の命」である自家製あんの豆選びを徹底しています。つぶあんには小豆の王様「丹波大納言」発祥の地、兵庫県丹波市春日町で栽培される「春日大納言」の手摘みで2Lサイズの豆を使用。一般的に使われることが多い北海道産の大納言が1俵平均価格約5万円のところ、菓匠庵白穂で使用する「春日大納言」は、1俵約15万円と3倍の価格で購入しています。また、こしあんには風味が良く色合いの美しい北海道十勝産の契約栽培小豆、しろあんは風味と口どけが良い高級白小豆とほどよい粘りが特徴の白手亡《しろてぼう》をブレンドするこだわりようです。

その選りすぐりの材料をふんだんに活かして、毎日食べたくなる看板商品として開発したのが「和菓子屋のあんどーなつ」です。独自の生地で口あたりがなめらかな特製のこしあんをたっぷりと包んで揚げた、一口サイズのドーナツです。毎朝1500個を揚げていますが、大体は夕方までに売り切れてしまいます。年間で数えると約50万個を売り上げるという爆発的人気を誇り、あんどーなつを目当てに来店するお客様も少なくありません。

私たちが社長と初めてお仕事をさせていただいたのが、このあんどーなつの専門店を立ち上げるプロジェクトでした。あんどーなつの味にほれ込んだ、とあるアパレル企業が「自分たちであんどーなつの専門店を経営したい」と社長に打診。社長は東大阪以外

菓匠庵白穂の看板商品である「和菓子屋のあんどーなつ」。
国産の良質な素材だけを使用したこだわりの味

に常設店を出店するつもりがなかったため、社長のプロデュースで、経営はアパレル企業が行うフランチャイズの形態で出店するということになりました。社長自身も未経験の分野に挑戦し、これまでのノウハウを活かせる新しい方法を開拓したいと考えていたことから双方の思いが合致し、和菓子とアパレルの異業種コラボレーションが実現することになりました。このプロジェクトがちょうど立ち上がる頃、私たちは社長と出会い、ロゴマークやパッケージなどブランディングに関わるデザインと資材製造を担当する制作会社として、参画することになりました。

同じ商品でも所変わればお客様の感性も変わる それに合わせて価値を伝えるデザインも変わる

このあんどーなつの専門店をつくるプロジェクトは、社長、アパレル企業、店舗施工会社、私たちの4つの異業種メンバーがタッグを組むことから始まりました。通常のブランディングは、「調べる」「磨く」「魅せる」の3ステップで順を追って進めますが、今回はオープンまでに時間がなく、3ステップを一気に進める必要があり、それは至難の業でした。それが可能だったのは、ブランドの「商品」が確立しており、プロジェクトの「成果物」と「ビジョン」が明確であったため、4社が同じ方向を向いて進められたおかげです。

出店地は兵庫県芦屋市に決まっていました。兵庫県の中で最も平均収入が高く、日本有数の高級住宅街があることで知られています。「あんどーなつ」という商品は確立していましたが、出店する地域の特性によって消費者の感性やニーズも用途も違ってくるため、それに合わせたブランドの世界観を確立することが重要です。「あんどーなつ」という飾らない素朴さが魅力のお菓子を、芦屋の洗練された土地柄とどのように結び付

「AN●D（あんでぃ）」のロゴマーク。「●」は「あんどーなつ」の丸い形状を表現。キャラクターは「あんでぃおじさん」。ユーモアのある７つのポーズをバリエーション展開に活かした

ければお客様の感性に響くのかをメンバーで考え抜きました。そこで「ゆとりあるくらしの中の、ちょっとステキなおやつ」という方向性が決まり、遊び心のあるキャラクターの起用と、そのキャラクターの姿から「あんでぃ」というブランド名も決まり、ロゴマーク・ロゴタイプが決まっていきました。ここからは顧客接点である包装資材と店舗内装がそれぞれの担当者によって急ピッチで進められていきました。

東大阪にある菓匠庵白穂の「和菓子屋のあんどーなつ」の包装資材には、素朴な和菓子屋らしい風情があります。一方で「あんでぃ」は芦屋のお客様の感性に

受け容れられるよう、洒落たモダンさとキャラクターによる茶目っ気を効かせた親しみやすさのバランスに留意しました。個包装は、味を選んだり食べたりするときに楽しさ・かわいらしさを感じてもらえるよう、カラフルでキャラクターが活きるデザインにしました。一方で自家消費はもちろん、ちょっとしたパーソナルギフトにも使ってもらえるよう、手提げ袋とギフト箱はスマートな印象にまとめました。男女問わず好ましさを感じてもらえるようなお店を目指しています。

芦屋で開店したあんどーなつ専門店「あんでぃ」は、すぐに評判店となり、百貨店の催事への出店依頼が舞い込むようになりました。さらなるステップアップのため近々、横浜に移転オープンする予定です。

単なる商品パンフレットではなく、社長の思いを伝えてファンを増やすリーフレットへ

「あんでぃ」のプロジェクトを進める中で、私たちは社長の和菓子づくりへの情熱、「和菓子業界を若い人が憧れる業界にしたい」というビジョン、緻密な計算と理論に基づい

て着実に実現を目指す姿に共感し、私たち自身が社長のファンになっていきました。そんななか、プロジェクトの終了後に社長から、本業である菓匠庵白穂の商品パンフレットをつくりたいと依頼をいただいたときはたいへんうれしく思いました。そして、私たちが社長のファンになったように、お客様にも社長の考え方を知ってもらうことで、菓匠庵白穂のファンをさらに増やしたいと考えました。そこで私たちは「単に菓匠庵白穂の商品を紹介するだけのパンフレットではなく、社長の思いや考えをお客様にしっかりと伝えるコミュニケーションツールにしませんか」と提案。この提案を気に入っていただき、リーフレットシリーズの制作がスタートしました。

菓匠庵白穂の場合、各商品の魅力や社長の思いをきちんと伝えるためには、かなりの文章量と写真が必要です。一度に全商品を掲載することになると本のようなボリュームになってしまい、手軽に配布できなくなってしまいます。それだけでなく、商品に変更があった場合には、本全体を製造し直さなければならないリスクもあります。

そこで提案したリーフレットは、1枚につき1商品をしっかりと深掘りする縦2つ折りで4ページのメディアです。この体裁であれば、表紙にはインパクトのある商品のキービジュアルを全面に配置し、ページをめくれば中面と裏面で社長の思いを伝える文章を

「白穂焼」を紹介した冊子の表紙、中面の見開き２ページ、裏表紙

配置し、見ても楽しく、読んでも楽しいメディアになります。全商品を一気に制作するのではなく、1号ずつ時間をかけて制作する連続シリーズにすることで、お客様は新しい号が出ることを楽しみにしています。

第1弾は、菓匠庵白穂の代表銘菓である「白穂焼」を紹介しました。表紙に2種類の白穂焼が並ぶキービジュアルと、「つぶあんにするか こしあんにするか それが問題だ」というキャッチコピー。シェイクスピア『ハムレット』の最も有名なセリフ「To be or not to be, that is the question」をもじったフレーズで、片方を選ぶのに苦悩するほど、どちらも美味しいということを、遊び心を添えて伝えました。裏面には「レシピより大切なもの」という連載を設け、新澤社長の思いを語っています。

このリーフレットシリーズの「編集会議」は、紹介する商品が決まったら、社長に今考えていることや伝えたいことを自由に語ってもらうことから始めます。私たちは取材しながら、その号の軸となる編集方針や、表紙を飾るキービジュアルのコンセプトを決めていきます。社長は和菓子づくりのプロフェッショナルとしてメッセージを紡ぎ、私たちはそのメッセージを世の中に伝えるプロフェッショナルとして文章をつづり、写真を撮り、魅力的なデザインに仕上げるという役割で、お互いの信頼関係によりこのメディアを制作しています。

経営者の思いを形にして、地域との絆を深めるルーツ・ブランディング

このリーフレットシリーズは店舗に置いて無料配布し、多くのお客様に読んでいただいています。また、社長は全国各地で講演を行う際にも持参し、初めて会う人に名刺代わりとして渡しているそうです。その点では、社長自身のブランド価値を高め、活躍の場を広げるツールにもなっているといえます。

私たちは、この一連のリーフレットシリーズの制作を通して、社長がいかに東大阪を愛しているか、地域とともに価値を創造しようとしているか、そして和菓子業界が付加価値の高い産業になるためのビジョンについて、さらに深く知ることになりました。

社長は、東大阪産イチゴの美味しさに気づいてから、地元の農産物を菓匠庵白穂の和菓子に積極的に取り入れるようになったそうです。そのエピソードを「いちご大福」の号のリーフレットで深掘りしました。その号の「レシピより大切なもの」には、「東大阪のお客様に支えられてここまでやってこられたので、地元素材のお菓子が増えればもっと東大阪が元気になるんじゃないかと思って」という社長の思いがつづられています。ほかにも、東大阪の米農家とともにもち米をつくる挑戦を始め、地元のお客様にも田植えと稲刈りを体験してもらい、地域ぐるみで新しい付加価値を創造しています。その田植えと稲刈りには私たちも参加し、身をもって和菓子専門店と生産者、お客様がつながることで生まれる地域活性の価値を感じることができました。

元気な和菓子専門店があるまちは、人と人がつながることによる活気があります。だからこそ、和菓子専門店が材料や技術へのこだわり、地域への思いをお客様に伝えて、もっと知ってもらい、ひとりでも多くの方に美味しく食べてもらうきっかけをつくって

地元・東大阪の米農家とともにもち米づくりに挑戦する新澤社長（右）。
田植えイベントには地域のお客様とともに当社スタッフ（中・左）も参加

ほしいのです。和菓子専門店が地域、そしてお客様とつながることでお互いに元気になり、未来につながるエネルギーが生まれると考えています。

第3章

唯一無二の価値を生み出すブランディングが、ベストセラーではなくロングセラーを生む

ブランディングの本質は共感を得ること

私たちが手掛けてきた商品の数だけ、ルーツ・ブランディングで磨き上げてきた物語が存在します。二軒茶屋餅角屋本店で「調べる」を行っていたとき、地元の図書館にあった文献の中にこんな一節を見つけました。

「食べものにまつわる伝承とか店舗について知っていれば、味わいにもより風情が加わるものである。愛着の度合により、日本人特有の心が味覚をことさら生きたものにする」

（大川吉崇『三重県の食生活と食文化』）

これこそが、私たちがルーツ・ブランディングを行う理由であり、商品価値を高めるにはどのようにすればよいかについての答えでした。

ルーツ・ブランディングは、商品の背景にある地域の歴史、特性や強みを明らかにすることで、商品の本質を引き出します。そして、この本質が顧客にとって好ましく共感できるものであればあるほど商品価値は高まり、より魅力的に感じられます。高められた価値が顧客の味覚に影響を与え、商品をさらに美味しく感じさせる効果があるのです。

ワインのテロワールはその代表的な例です。

あるレストランで行われた実験では、料理自体の説明をせず材料だけを書いたカードを渡したグループと、シェフ自らが料理の説明や考案のきっかけになった幼少期の思い出を語ったグループにまったく同じ料理を提供しました。その結果、後者のグループのほうが食体験を全体的に高く評価したというエピソードがあります。

つまり、商品の背景にある物語を詳しく伝えることで、顧客の共感を呼び起こし、その期待値を引き上げることができます。それにより、食体験の質が高まり、顧客の満足も向上し、最終的には商品の評価や店舗の評価も上がるのです。このように、ルーツ・ブランディングは、商品の背景や本質を伝えることで共感を生み出し、顧客の体験を豊かにする役割を果たします。

日本の地域食がムーブメントになる時代

日本の食文化は、多くの人たちを魅了し続けています。例えば、塩麹や甘酒、味噌、漬物など、近年は発酵食品が次々とクローズアップされるようになりました。特にその栄養価値が再評価され、美容・健康食品として注目されています。そこに近年の健康ブームが後押しとなってより広い年代にも関心が広がり、いまや一過性のブームを超えて広く受け入れられるようになりました。実際に２０１９年に東京・渋谷で開催された47都道府県のローカル発酵食品が一堂に会した展覧会では、２カ月半の期間中5万人を動員するほどの大盛況になりました。また、全国の発酵食品を巡るツーリズムなどのイベント、ぬか漬けや味噌をつくるワークショップも各地で行われています。

元来日本には、地域の自然や気候風土が育んだ伝統的な発酵食品がたくさんあります。漬物だけでも全国に３０００種類以上あるといわれ、発酵食品は古くから日本の食文化を支えてきました。それが再評価された理由は、コロナ禍を機に生活習慣を見直し、自分の心身に長い時間軸で向き合う人が増えたことが要因といわれています。全国各地で長く受け継がれている日本の食文化は、このように社会の変化によって消費者の価値意識が変わっても必ず評価される強みを持っているのです。

文化庁では、日本の食文化の継承・振興を目指し、地域で世代を超えて受け継がれてきた食文化を「１００年フード」と名付け、継承していく活動を行っています。これまでに２５０件の食文化が認定され、各種メディアで認定団体の活動が数多く取り上げられています。そのロゴマーク入りの商品が販売されるなど、１００年フードの取り組みは全国に広がりを見せており、経済効果を期待して今後も盛んに事業が生まれていくでしょう。

このように、国は地域食に関わる産業振興を目指しています。地場の料理や商品の原材料に良質な地元食材を用いることで地域食のブランド力を高め、さらに原材料をつくる側とそれを加工して商品化する側が同じ地域のなかでつながることで、地域経済の活性化や雇用の創出が期待できるのです。

「地域」そのものをブランド力に

一企業のルーツ・ブランディングから生まれた物語を基軸として、地域全体の風土や食材の魅力の発信につなげる手法も有効です。例えばほかの企業とタッグを組み、もともと有名な地域の農水産物を商品化したり、既存商品の原材料に用いたりすることで、地場産業と商品の可能性を互いに高め合うこともできます。

また、地域食は観光業とも密接な関わりがあるため、商品のＰＲを観光業に加えることができ、逆に観光のＰＲに商品を使うこともできます。地域のさまざまな産業が持つ価値を相互に高め合うことができれば、自ずと商品の背景にある物語に深みが加わり、唯一無二の価値がより確実なものになっていきます。ルーツ・ブランディングは、町おこしから地場産業や地方経済の活性化にもつながる可能性があると考えています。

第三者視点から課題を理解すること

地域の食が持つ可能性がどんなに大きくても、肝心のつくり手たちが、自らの可能性に気づいていないことが多いという点は私たちにとっても課題の一つです。「先代から引き継がれたことを真摯に守り続けることが最も大切なので、新しいことをする必要性を感じていない。だから、うちみたいな会社にブランディングは必要ない」という人もいます。

確かに、熱意とプライドを持ちながら長年にわたり変わらぬ味を守り続けてきたことで、老舗としての歴史を刻んできたのは事実です。またその謙虚さには心からリスペクトすべき日本の職人魂を感じますが、世の中は大きく変化しています。「これまで」ではなく「これから」へ視点を向けて、このままでよいのか一度立ち止まって振り返る時間が必要です。職人技で品質の高い商品を生み出しているのであれば、企業や商品の背景にある物語を伝えることで、商品価値が必ず上がります。クライアントに寄り添いながらも第三者の視点に立ち、その価値が次世代へ受け継がれるために問題解決を行っていくことが私たちの役目です。

食の分野は中小メーカーにも大きなチャンスがある

地方の食文化を担っているメーカーに、もっとブランディングに注力してもらいたいと考える理由がもう一つあります。それは、食の分野は中小企業にも大きなチャンスがあるからです。特に今の時代は人々の嗜好や価値観が多様化しており、食に対してもさまざまなニーズがあります。

大手メーカーが狙うマス市場ではなく、中小企業が独自性で勝負しやすいニッチ市場にこそチャンスが広がっています。「ありきたりではないものを選びたい」「特別感のあるものを選びたい」といったニッチなニーズに合わせて個性を尖らせ、特定のファン層をがっちりとつかんでロングセラーにしていく戦略が有望なのです。

この戦略にもブランディングが欠かせません。個性を尖らせても、それが魅力的に伝わらなければファンの獲得は難しいからです。下手をすると個性を尖らせたことで、受け入れられるかどうか一か八かの賭けになってしまう恐れがあります。そうならないためにも実践したいのがルーツ・ブランディングです。個性の裏付けとして説得力のある物語をしっかりと伝えていくことで、格段にファンを獲得しやすくなります。

また、今はSNSがもつ口コミマーケティングの力がファンを獲得するうえでとても重要です。企業から消費者へ情報が提供されるだけではなく、消費者から消費者へ、ファンからファンへと情報が伝播するスピードはとても速く、そして広範囲に拡散されていきます。

このSNSの影響もあり、ニッチなマーケットでもより多くのファンを獲得しやすくなっています。しかも、SNSを食の情報源にしているのは、海外から日本を訪れるインバウンド客も同じです。コロナ禍が落ち着いて、インバウンド需要が再び伸びているなかで、SNSの宣伝効果はますます高まっています。このような顧客拡大のチャンスを活かすためにも、しっかりとブランディングを行って、自社らしい世界観を魅力的に伝える表現をつくり、積極的に情報発信していくことが重要です。

基本的にマス広告は資金力がある大手が有利で、以前は中小企業ではまったく太刀打ちできませんでしたが、ＳＮＳによって状況は変わっています。マス広告にさほどお金をかけなくても、ＳＮＳの口コミをきっかけに人気に火がついた事例は数多くあります。この点でも今、中小企業に大きなチャンスがあることを認識し、発信にはブランディングが必要であることを理解してほしいと思います。

「調べる」「磨く」「魅せる」で補足しておきたいポイント

最後にルーツ・ブランディングに興味を持った人に向けて「調べる」「磨く」「魅せる」のポイントを記載します。

「調べる」については、ブランディングを外部の専門家に頼むかどうか悩んでいるのであれば、とにかく自分で一度やってみるのも一つの手です。例えば、地元の図書館の郷土資料コーナーに行って地域の歴史を調べてみてください。また、国会図書館デジタルコレクションではインターネットで多くの地域資料を閲覧することができます。自社の歴史についても、家族や社員、取引先などさまざまな人に話を聞き、年表にするなどして整理してみてください。この部分は、地域内の知り合いや情報源など、自社の社員であるほうが調べやすい場合がたくさんあります。

「何年も住んでいる地元なのに、こんな歴史があるのを知らなかった」「自社の歴史を改めて振り返ると、思っていた以上に紆余曲折があった」など、何かしらの気づきがあるはずです。その気づきを通して、「地域の歴史と特色があって今の会社がある」「紆余曲折の中でも守り続けてきたものがある」など、自社の根っことなっている部分が見えてくるかもしれません。自社のルーツを再確認すれば、ブランディングを行うかどうかにかかわらず、企業の今後の方向性などを考えるうえでのヒントになります。

また、「磨く」で価値を磨き上げていく際には、「誰に向けて」なのかをよく検討してください。特に、ニッチな市場を狙って個性を尖らせた場合、そのニッチな価値を認めて喜んでくれるお客様は誰なのかをイメージすることが大切です。

個性を尖らせると、必然的にターゲットは絞られます。それを無理に広げると、魅力の伝え方がぼやけて、本来伝えるべき相手に魅力が伝わりづらくなってしまいます。ルーツ・ブランディングは、歴史や風土を深掘りして唯一無二の価値を生み出す点に特徴がありますが、ほかのブランディング手法と同様に、価値をより伝わりやすくするためにはターゲットの設定が重要であることは忘れてはならない要素なのです。

「魅せる」については、ロングセラーを目指すうえで非常に大事なポイントがあります。「売る」と「伝える」のバランスの取り方です。商品をもっと売れるようにすることが、ブランディングの大事な目的であるのは確かですが、時と場合によっては「売る」の要素が強くなりすぎると、価値を「伝える」という点が弱くなってしまいます。

「売る」の要素として代表的なのは量や価格、お得感などのアピールです。そうしたアピールが強いと、見る側はその部分ばかりに目が行ってしまい商品そのものの価値が伝わりづらくなってしまいます。キャッチコピーも「売る」を優先して「今すぐ買うべき」「買わないと損」といったニュアンスのフレーズにすると、愛着や共感を得るためのアプローチではなくなってしまいます。

ウェブサイトやパンフレット、パッケージなどのデザインも同様です。例えば、「売る」と「伝える」の優先順位によって色使いなども変わってきます。「売る」を優先する場合は、コンセプトを反映させたデザインにすることよりも、とにかく派手で目立つデザインにすることが重視されるのです。

もちろん、「売る」の要素を強くすることが、必ずしもダメなわけではありません。広告の目的によっては、それが最善の策である場合もあります。しかし、「売る」の要素を強くすると本来の価値が伝わらず、どうしてもその場限りの購入になってしまいやすいのです。

ロングセラーを目指すルーツ・ブランディングの「魅せる」では、価値を伝え、絆をつくり、信頼を深めることを優先します。愛着や共感を得て、顧客との長期的な関係性をつくることを目的とした場合は、それが最善の策なのです。そのため、早く結果を出したいからといって、「売る」の要素を強くするのはおすすめできません。唯一無二の価値を「伝える」ことを優先しながら、「売る」の要素を取り入れる場合も「さりげなく」というバランスの取り方が基本になります。

ロングセラーに必要なブレない軸をクライアントとともにつくる

「不易流行」という有名な言葉があります。決して変わることのない本質的なものを大切にしながら、新しいものも取り入れていくという意味の言葉で、私たちがブランディングをお手伝いしている食品メーカーでも、多くの経営者が不易流行の精神を重んじています。

流行り廃りが激しい食品業界では、ベストセラーといえるヒットを飛ばした商品であっても、その人気が一時的なもので終わってしまうケースが珍しくありません。一時的であってもベストセラーになればいいという人もいるかもしれませんが、ルーツ・ブランディングが目指しているのはそうした短期的な成功ではありません。唯一無二の価値を生み出すブランディングで、ロングセラーとなることを目指しています。その価値に愛着や共感を抱いてもらうことで、長く支持される商品にするのです。

ブランドイメージがもたらす「情緒的価値」は、商品を購入する際に感じる幸福感やワクワク感など消費者の感情を動かす部分です。例えば、自分が好きなブランドに囲まれたときは幸せを感じます。大好きなブランドの新商品を購入する際は、幸福感だけでなくワクワク感も覚えます。ロングセラーになる商品は、「トレンドの商品だから」とか「安かったから」といった理由ではなく「好きだから」という理由で購入されています。

そして、全国各地に存在する菓子・酒・食品のメーカーは、そのようなファンを獲得できる可能性を十分持っています。それだけ品質の高い商品を真面目につくっているからです。品質が低くて購入客を満足させることができない商品は、どんなブランディングを行ってもロングセラーにすることはできませんが、しっかりとした品質が保たれているものはブランディングによってロングセラーになることができるはずです。

そうした食の企業は、日本各地にまだたくさんあります。伝統の技に新しい感性をプラスした新商品を開発する、現代の最新機器を活用して伝統の商品をブラッシュアップする、商品の品質を上げるために素材の野菜や米づくりにも新たに着手する、これからの消費を担うZ世代の顧客も開拓するために若い人材の発想やセンスを積極的に取り入れる、SDGsに配慮したエコな商品を開発するなど、さまざまな取り組みにチャレンジしています。私たちは、そのチャレンジがきちんと報われるように、唯一無二の価値を伝えるためのブランディングをお手伝いしたいのです。

そして、ロングセラーに欠かせないのがブレない軸です。自社の商品に自信を持ち、揺るぎない信念を貫くことが、売れ続ける商品になるための第一歩です。これからも私たちは不易流行の精神でチャレンジを続ける食の企業を全力で応援し、ロングセラーへの第一歩をともに踏み出せる存在でありたいと思っています。

おわりに

１９４６年の創業以来、私たちは「考えることと売ることは、人間に残された最後の仕事である」を社是としてきました。創業当時からデザインや企画立案ができる人材を育てることに力を入れ、クライアントの商品がもっと売れるようにするためにどうすればよいのかを考え続けてきた会社です。

そんな私たちの差別化ポイントは、「一気通貫によるコストパフォーマンス、タイムパフォーマンスの良さ」という点にあり、以下の強みで実現しています。

【業種特化・ノウハウ蓄積】による強み
【ワンストップで上流から下流までサポートできる】強み
【組織・チーム・人財力】による強み
【全国の仕入・外注ネットワーク】による強み
【理念・社風・営業姿勢】による強み

そして、私たちが事業で大切にしている価値観は、クライアントに誠実であることです。お客様の事業を「自分事」として捉えて親身になることで、「まるでうちの社員のように考えてくれる」と喜ばれています。そうした組織文化が、私たちならではのブランディング手法を築くことにもつながったのです。

私たちがつくり出したい未来は、日本の「食」と「地域」の高付加価値化です。地方こそ、唯一無二の価値を持っています。それをしっかりと掘り起こし、世の中に伝えて、多くの消費者に価値が認められるようになってほしいのです。高い付加価値が、未来につながる利益も創出します。地方の経済を安定させることが地域活性につながり、風土と文化の多様性を守ります。

そのカギになるのが、ルーツ・ブランディングです。唯一無二の物語を形にして伝えることでファンを増やし、働く従業員たちも自分の仕事に誇りを持てるようになります。それが地域全体の誇りにつながっていきます。

私たちはそのために、クライアントにとっての「小さな企画室」になります。そして、小さくても「心強い企画室」になれるように、これからも努力していく所存です。

株式会社 第一紙行 ブランディング事業部

株式会社 第一紙行・全国5拠点の選抜メンバーで構成するブランディングの専門チーム。ブランディングディレクターをチーフに、業界知識豊富な営業、パッケージデザイン、Webプロモーションなどのスペシャリストが、顧客や案件に応じて「ワンチーム・一気通貫」でサポートする。「理論ありき」ではなく、クライアントの販売の現場、モノづくりの現場から丁寧に取材し、企業の規模や「お困りごと」に合わせた、柔軟で間口の広いブランディングを得意とする。まず「自分たちが顧客のファンになり」、顧客の悩みを自分事と捉え、最後の成果まで徹底的に伴走することがモットー。日本の食文化、地域文化の多様性を未来につなぐためにも「中小企業にこそブランディングが必要」との信念で、日々活動を行っている。

株式会社 第一紙行

1946年創業、京都に本社をおく「企画・デザイン・パッケージング」の会社。創業時より「考えることと売ること」にこだわり、さまざまな広告、販売促進、パッケージング事業を展開。80年代には和菓子店のリニューアルを「お店全体を包む」というコンセプトで大成功させ、早くからブランディング的な手法を独自に進化させてきた。社員総数155人のうち、約半数をプランナー、デザイナーといったクリエイターで構成。パッケージや包装資材の製造面でも、全国に約450社のサプライチェーンをもち、多品種・小ロット・ワンストップのサービス提供を強みとする。事業理念は「日本の食と地域の高付加価値化をサポートする」、経営目的は「社員の幸福」。

本書についての
ご意見・ご感想はコチラ

地域と企業の未来を紡ぐ
ルーツ・ブランディング

2024年9月20日　第1刷発行

著　者　　株式会社 第一紙行 ブランディング事業部
発行人　　久保田貴幸

発行元　　株式会社 幻冬舎メディアコンサルティング
〒151-0051　東京都渋谷区千駄ヶ谷4-9-7
電話　03-5411-6440（編集）

発売元　　株式会社 幻冬舎
〒151-0051　東京都渋谷区千駄ヶ谷4-9-7
電話　03-5411-6222（営業）

印刷・製本　中央精版印刷株式会社
装　丁　　秋庭祐貴

検印廃止
©DAIICHISHIKO BRANDING DIVISION, GENTOSHA MEDIA CONSULTING 2024
Printed in Japan
ISBN 978-4-344-94797-9 C0034
幻冬舎メディアコンサルティングＨＰ
https://www.gentosha-mc.com/

※落丁本、乱丁本は購入書店を明記のうえ、小社宛にお送りください。
送料小社負担にてお取替えいたします。
※本書の一部あるいは全部を、著作者の承諾を得ずに無断で複写・複製することは
禁じられています。
定価はカバーに表示してあります。